给中学生的财商教育课

李文 刘郭方 王向进 肖洁 孙琼 编著

U0397856

华东师范大学出版社

·上海·

图书在版编目（CIP）数据

给中学生的财商教育课/李文等编著.—上海：
华东师范大学出版社，2022
ISBN 978-7-5760-2404-3

Ⅰ.①给… Ⅱ.①李… Ⅲ.①财务管理-青少年
读物 Ⅳ.①TS976.15-49

中国版本图书馆CIP数据核字(2022)第017462号

给中学生的财商教育课

编　　著　李　文　刘郭方　王向进　肖　洁　孙　琼
策划编辑　王　焰
项目编辑　蒋　将
特约审读　程云琦
责任校对　时东明　刘伟敏
版式设计　宋学宏
封面设计　卢晓红

出版发行　华东师范大学出版社
社　　址　上海市中山北路3663号　邮编 200062
网　　址　www.ecnupress.com.cn
电　　话　021-60821666　行政传真 021-62572105
客服电话　021-62865537　门市（邮购）电话 021-62869887
地　　址　上海市中山北路3663号华东师范大学校内先锋路口
网　　店　http://hdsdcbs.tmall.com

印刷者　上海昌鑫龙印务有限公司
开　　本　787×1092　16开
印　　张　7.25
字　　数　114千字
版　　次　2022年7月第1版
印　　次　2022年7月第1次
书　　号　ISBN 978-7-5760-2404-3
定　　价　40.00元

出版人　王　焰

（如发现本版图书有印订质量问题，请寄回本社客服中心调换或电话021-62865537联系）

前　言

　　财经素养与智商、情商是现代经济社会中人类三大不可或缺的素质，特别是对于青少年而言，这三者往往奠定了未来职业发展的基础。但在青少年培养过程中，学校、父母往往重视智商、情商的锻炼，而忽视财经素养的养成。究其原因，主要是将财经素养的养成，简单理解为教授青少年如何使用钱和赚钱。其实，钱只是资源配置的一个信号、一种载体，更重要的是让孩子们理解其背后资源配置的原因和目的，以及通过优化资源配置使个人、家庭、企业乃至社会经济向好发展。

　　财经素养主要关注人们的相关知识、行为和态度以及各种综合能力。而财经素养教育是横跨经济学、金融学、数学、会计学、统计学、心理学等学科的综合教育。它让孩子们获得一种认知世界的全新思维方式；帮助孩子们懂得利用财经学科原理观察和感知社会现象；培养孩子们解决日常问题，提高理性思维、规划力、判断力、协作力、创新力以及感恩与爱的多维综合能力。

　　本书是《给孩子的财商教育课》的姊妹篇，是财经教育大中小一体化的重要成果之一。《给孩子的财商教育课》的读者群体是小学高年级学段，我们搭建了金融体系框架，用简单易懂的小故事讲述了金融体系运转的基本原理。而本书则面向初中低年级学生，重点强调商业运行过程中需要的各种基础的理论知识和相关实践活动。在内容设置中，突出对中学生动手能力、合作精神的培养。在每一章节中都设置了小组活动的任务和活动报告，希望学生们在进行财经素养学习的时候，既可以以本书的理论知识为参考，又可以用灵活多样的项目化学习（PBL）进行财经素养和创造力等综合素养的培养。

　　本书由上海立信会计金融学院金融学专业资深教师设计、主笔，既从专业的角度考虑内容体系正确、严谨，并具有开放性和启发性，又从家长、社会的角度考虑孩子财经素养和综合素养的目标需求；同时作者团队加入中学教师，请他们把握初中学生学情特点和课后任务的可行性。具体编写工作为：第一章、第六章由刘郭方老师编撰；

第二章、第三章由李文老师编撰；第四章、第五章由王向进老师编撰；上海立信会计金融学院附属学校的肖洁老师、孙琼老师从中学教师角度出发，对较为生涩的专业内容提出修改建议，编者根据教材编写标准进行酌情简化；全书由李文老师统稿。

当今世界，国民财经素养的重要性已经越来越显现出来。从微观上，它会影响个人和家庭的生活和风险应对能力，从宏观上则会影响国家金融经济的稳定和可持续发展。所以，我们更需认清财经素养的培养内容和培养目标，不急功近利，更加注重综合素养和能力的提高。

编者

目　录

第一单元 充满商机的时代

本章知识要点

↓ 商机的内涵和构成

↓ 需要商机的原因

↓ 成功把握商机的要素

↓ 如何在身边发现商机

第一节　什么是商机

案 例

请判断以下是不是商机，并选择你判断的依据。

1.汽车售后服务是指在汽车出售之后，相关厂商为车主及汽车本身提供的各项服务。我所熟知的汽车售后服务包括汽车美容、清洗、维护、车险与二手车交易等。调查显示：目前我国 70% 以上的私家车主都会为爱车美容；60% 以上的车主希望有专业机构服务商提供爱车的日常维护；超过 40% 的车主认为自己将来会参与二手车交易，同时多数年轻人认为自己会购买二手车作为人生的第一部座驾。

　□ 满足了一定的需求

　△ 有新技术应用

　◇ 改善了生产或生活

　○ 降低了成本

　☆ 有利润

2.最近几年，随着交通网络的完善以及国家层面的大力推动，旅游业已经成为地方经济增长的重要动力。旅游产业包括吃、住、行、游、购、娱六大要素，同时还会带动建筑、交通、邮电通信、园林、商业、轻纺、保险等行业的发展。

　□ 满足了一定的需求

　△ 有新技术应用

　◇ 改善了生产或生活

○ 降低了成本

☆ 有利润

3. 随着上海各处"大学城"的新建，大学城内上万名学生的衣、食、住、行、娱、学等方面都蕴藏着巨大的消费潜力。

□ 满足了一定的需求

△ 有新技术应用

◇ 改善了生产或生活

○ 降低了成本

☆ 有利润

4. 最近几年，上海由于创意产业迅速崛起，被联合国教科文组织列入"创意城市网络"，授予"设计之都"的称号。创意产业具有点石成金的神奇作用。比如，中国唯一一家"创意书"研究机构——中国瓜果书创意产业基地研发设计的瓜果书，可以一边阅读，一边种植。

□ 满足了一定的需求

△ 有新技术应用

◇ 改善了生产或生活

○ 降低了成本

☆ 有利润

5. DIY 是"Do It Yourself"的英文缩写。它迎合了年轻人追求时尚、独特、新颖，喜欢标新立异、与众不同的偏好。于是近年来，DIY 经济不断升温，并因此成为新的淘金地。与一般的小店不同，DIY 手工作坊提倡"动手设计"的新消费理念，其卖点不是产品本身，而是制作过程带来的参与感、成就感。

□ 满足了一定的需求

△ 有新技术应用

◇ 改善了生产或生活

○ 降低了成本

☆ 有利润

6.大学生创新创业训练计划：为增强高校学生的创新能力和在创新基础上的创业能力，培养适应创新型国家建设需要的高水平创新人才。创业训练项目是本科生团队，在导师指导下，团队中每个学生在项目实施过程中扮演一个或多个具体的角色，通过编制商业计划书、开展可行性研究、模拟企业运行、参加企业实践、撰写创业报告等工作进行创业训练。[①]

□ 满足了一定的需求

△ 有新技术应用

◇ 改善了生产或生活

○ 降低了成本

☆ 有利润

通过上面的案例分析，你能判断什么是商机吗？同学们，你们能马上说出"水果"的定义吗？你们能判断什么是水果吗？那么，为什么没有以定义为依据，你们就可以判断呢？这就是归纳法。

归纳推理是一种由个别到一般的推理，是由一定程度的关于个别事物的观点过渡到范围较大的观点，由特殊具体的事例推导出一般原理、原则的解释方法。[②]

但并非所有的归纳都能得到科学的结论。鲁迅在《内山完造作〈活中国的姿态〉序》里就描述了一个归纳方法错误的例子："一个旅行者走进了下野的有钱的大官的书斋，看见有许多很贵的砚石，便说中国是'文雅的国度'。"文中鲁迅先生驳斥道："倘到穷文人的家里或者寓里去，不但无所谓书斋，连砚石也不过用着两角钱一块的家伙。一看见这样的事，先前的结论就通不过去了，所以观察者也就有些窘。" 该归纳错误产生的原因在于，枚举的数量不够多或考察的范围不够广，不注意考察有无反例。

正确的方法是，根据某类事物中部分对象与某种属性间因果联系的分析，推出该类事物具有该种属性的推理。例如：金受热后体积膨胀，银受热后体积膨胀，铜受热后体积膨胀，铁受热后体积膨胀；金属受热后，分子的凝聚力减弱，分子运动加速，

---

① 国家级大学生创新创业训练计划平台.教育部关于做好"本科教学工程"国家级大学生创新创业训练计划实施工作的通知 [EB/OL]．[2020-10-28]．http://gjcxcy.bjtu.edu.cn/Index.aspx.

② 刘建明主编.宣传舆论学大辞典 [M]．北京：经济日报出版社，1993.

分子彼此距离加大，从而导致膨胀，而金、银、铜、铁都是金属，据此得到结论：所有金属受热后体积都膨胀。[①]

想一想

正确与错误地使用归纳法之间的区别在哪里？提示：可以从枚举的数量和反例的角度思考。

现在你能利用归纳法得出什么是商机吗？说说你所归纳的商机吧！

---

① 科普中国·科学百科词条编写与应用工作项目审核.归纳推理百度词条 [EB/OL]．[2020—11—29]．https://baike.baidu.com/item/ 归纳推理 /5502360.

第二节 我们为什么需要商机?

案例

1. 生产汽车万向节的创业英雄

有一位"农民"创业者通过生产汽车万向节成为中国富豪排行榜上的常客,并经常名列前茅。这位至今都带着浓重乡音的浙江老汉 15 岁辍学,开始做起了打铁匠,3 年的铁匠生活使他对机械农具产生了狂热的爱好。他把一间农机小作坊打造成中国乡镇企业,并紧握万向节企业的方向盘稳步前行,在数不清的桂冠和乡镇企业大多昙花一现的背景下,奇迹般地成为民营企业家中的常青树。

当初,这一位"农民"创业者靠着作坊式工厂生产犁刀、铁耙、万向节以及失蜡铸钢等各种各样的产品,艰难地完成了原始积累。到了 1978 年,他的农机厂竟然已有 300 人,年产值 300 多万元。

2. 人脸识别系统

中国有一家人脸识别系统企业创始人兼 CEO,曾连续三年入选《财富》"中国 40 位 40 岁以下的商界精英"榜单,并入选福布斯"30U30 亚洲青年领袖"(各行业 30 位 30 岁以下的杰出人物),位列企业科技领域榜榜首。

在清华大学读本科的时候,这位创始人便开启了在微软亚洲研究院(MSRA)半工半读的历程。他所参与研发的人脸识别系统,后来被广泛应用于 Xbox 和 Bing 等微软产品中。后来,他自创企业,为领先的智能手机公司提供实时人脸识别解锁与先进

的计算摄影功能，成为该领域的领导者。

想一想

　　思考以上案例中的创业英雄们的历程。究竟是因为他们创造了巨额财富才受到社会的认可和尊敬，还是因为他们改善了人们的生活、促进社会进步才取得令人瞩目的财富呢？

我们为什么需要商机？

　　其实，案例中的创业英雄无一不是通过改善人们的生活、促进社会进步，才得到社会的认可，从而获得了大量的财富。同时，社会也需要这些创业英雄的贡献和创造，才能实现不断进步。也就是说，商机是个人提升社会贡献，从而实现财富梦想的纽带，也是社会激励个人创造，从而可持续进步的桥梁。

因此，世界各国都非常重视创新创业环境的打造。我们可以对比一下中美两国的创新创业政策。

自 20 世纪 80 年代以来，美国政府积极介入科技创新活动，创新创业服务体系日趋系统和完善。具体做法上，美国成立联邦小企业管理局（SBA）、小企业发展中心（SBDC）、妇女企业中心及其遍布全国的分支机构，提供的服务包括创业培训和咨询、指导起草商业计划书、企业管理技术支持、与银行合作提供担保贷款、帮助企业申请政府采购合同，等等。同时，实施的小企业技术转让计划（STTR），规定研发经费超过 10 亿美元的联邦政府部门，每年要划出一定比例的研发经费，专门用于支持小企业与非营利性研究机构的技术转让项目。

中国将支持创新创业上升为国家战略的时间较晚，一般认为始于《国务院办公厅关于建设大众创业万众创新示范基地的实施意见》（国办发〔2016〕35 号）的颁布。同时，我国出台一系列的鼓励政策，鼓励地方设立创业基金，对众创空间等办公用房、网络等给予优惠，对小微企业、孵化机构和投向创新活动的天使投资等给予税收支持，将科技企业转增股本、股权奖励分期缴纳个人所得税试点推至全国。

中美两国在支持创新创业方面，不约而同地将重点都放在了中小微企业。因为中小微企业对商机更加敏感，也更加能够灵活地把握商机。

延伸阅读

商机在个人处理社会贡献与财富创造中的作用，体现了个人价值与社会价值的辩证关系。对这两种价值及其辩证关系的正确认识，属于同学们正确树立"三观"（即人生观、世界观和价值观）之中价值观的重要组成部分。大家可以利用课余时间进一步阅读马列原著中的相关理论，如《马克思恩格斯选集》第一卷，人民出版社 2012 年版，第 38—53 页。

第三节　成功把握商机

这里我们讲述一位大学生创业者的成长与创业历程。他的大学生创业经历要追溯到他的上一个创业项目——GG 游戏平台。他 16 岁的时候考上了新加坡南洋理工大学。作为一名资深游戏爱好者，在大学四年级的时候他决定在游戏领域创业。当时，凭着有限的资源他做出了后来影响力巨大的 GG 游戏平台。据他回忆，那时候为了节省成本，他不得不每天都吃最便宜的鱼丸面，最后吃得都倒胃口了。后来，他出售 GG 平台，获得了丰厚的收益，也为自己后来的创业道路做了极好的铺垫。而他打造的 GG 游戏平台，现在仍然是东亚地区最受欢迎的游戏平台之一，全球拥有超过 2400 万名用户。

想一想

上述案例中的这位大学生创业者成功的关键在哪里呢？发现了超过 2400 万名用户的需求、与自己的爱好完美结合、独具创新的设计、降低成本形成优势以及艰苦奋斗，你更赞同哪一点？

以发散的思维走与众不同的路线，往往创新就是最好的商机。那么，究竟怎样才能成功地把握商机呢？总体来说，成功把握商机与以下四个要素有关：

◆ 发现刚性需求

◆ 形成供给优势

◆ 具有相对价格竞争优势

◆ 边际上的成功决策

除此之外，获取收益之后，能够在正确的时间点确认财富，这才是完整地把握住了商机。对于这些，我们会在之后的各单元学习中逐步展开。

第四节　你发现商机了吗？

立威是上海一所金融教育特色学校的一名中学生。他发现每个工作日的傍晚，小区的快递柜都非常忙碌，很多人都赶来取快递。大家反映，快递多数在前一天晚上就被放入快递柜了，早上忙着上班没时间取，此时再不取出就会被罚 1 元钱。

立威想，自己下午 4 点 30 分放学，如果帮忙取件，大家就不用如此狼狈了。他把这个想法告诉了小区居民，并且承诺送快递上门，却只收取每件 5 角钱的费用。居民们普遍认为，立威是居住在小区的学生，值得信任，同时，比起被罚 1 元钱或匆忙取件，5 角钱确实不算什么。立威的"新业务"就这么开展起来了。

想一想

请你从需求、供给以及价格优势的角度分析一下，立威是如何发现和把握商机的。那么，立威的商机真的可行吗？谈一谈你的观点和依据。

其实，商机就在脚下，无数个成功的例子向我们证明了，我们的脚下有一片广阔的天空。浪莎袜业、奥康皮鞋等知名品牌，都告诉了我们一个共同的真理——脚下商机无限。比如，在国内最成功的商人之一——浙商中，有很多是从修鞋、擦鞋这些最不起眼，最不受人们重视的行业起步的，之后他们走上了自己的舞台。当我们刚刚意识到了脚下商机的时候，他们已经成为这些行业的领头羊。

说一说你所理解的商机吧？商机应该包括哪些元素以及维度呢？分享你的探究，把结论填入下面的表格中。

元素 ＼ 维度	维度1	维度2	维度3	维度4	维度5	（你的分析）
需求	时间	地点	数量	意识观念		
技术	便利性	价值发现	新方法			
成本	流通环节	交易成本				
利润	未来利润					
（你的分析）						

供需失衡往往会产生商机。从不同维度看，时间上失衡，如法定节假日催生旅游黄金周；地点上失衡，如内陆省份对海鲜的需求催生冷链物流；数量变化，如机动车持有量剧增导致汽车美容商机出现；观念变化，如绿色消费催生绿色产品供应链。

技术改进、新技术应用带来的商机。从不同维度看，新技术改善了消费便利性，如网络技术带来电商机会；新技术应用使原本没有价值的东西变成有价值，如私人信息在大数据技术下变成宝贵的资源；新技术催生新方法，如互联网技术使培训线上线下相结合。

成本降低创造商机。从不同维度看，流通环节成本降低，如物流成本降低催生网店商机；交易成本降低，如支付成本降低促进家庭理财。

利润增加带来商机。比如，代购一次很难赚钱，但是代购数量多起来，就会产生很大的利润。如此，代购产业从小到大，看重的是未来利润。

注意，某一个商机往往是由多个元素以及维度构成的，你可以尝试从多个角度分解它。

试试看，你们还能想到哪些元素以及维度。然后，多找几个案例支持你的想法，并尝试谈一谈它们与商机之间的因果关系。大家可以尝试找一些反例。真理不辩不明！

第2单元

需求分析
——寻找可能
的商机

本章知识要点

↓ 需要的定义和特征

↓ 需求的定义和特征

↓ 了解需求曲线的特点

↓ 商机要满足的要求

第一节　别人需要你付出努力吗?

案例

在衣食住用行等生活的方方面面,我们均可以买到各种商品和服务来满足相应的需求:当出行时,我们可以使用打车软件,实时定位预约车辆,为我们提供服务的有出租车,还有所谓的顺风车和快车等。当在家吃饭又不想动手做时,我们也可以使用餐饮外送服务等软件提供的外卖服务,这样不用出家门也可以吃到来自饭店的佳肴。各大电商平台满足了我们购物逛街的需要,只需要付费和接受快递公司的服务就可以坐在家里收取各种物品。

想一想

举出几个例子,说说看这些商品和服务需要哪些人或企业来提供?他们之间又存在什么样的协作?在视频网站上搜索《荒野生存》节目,试着观察埃德·斯塔福德(俗称德爷)在《荒野生存》中的生活,描述一下他在荒野的生活水平与现代生活的差异。思考人们之间的合作会带来什么变化,如何为他在野外生活水平的逐步提高提供帮助?比如,增加合作伙伴,生产工具等(生产工具是指用来进行加工和生产自己所需物品的工具,比如刀铲、渔具、打火石等)。

1."自给自足"与"他人合作"

常见到有人秉持"自己的事情自己做,不给人添麻烦"的态度来对待身边的一切事务。这是一种人生态度,很多时候我们的公共秩序会因这种态度而受益。但是从商业社会发展的角度来说,完全做到这一点却不太可能。在生产力不发达的春秋战国时期,社会生产单位是以个体和家庭为主。社会生产方式是精耕细作、男耕女织、自给自足的生产方式。但由于个体和家庭资源有限,经营规模小,难以承受大的冲击,整个社会生产力水平低下。这个时期的经济特点被称为小农经济。后来,随着商品交换、贸易的出现,社会生产力才得以极大提高。时至今日,贸易与合作已经渗透到我们社会生活的方方面面。可以说,在现代社会的经济生活中,已经不太可能找到完全由一个人独立生存而不依赖他人帮助的环境了。

2. 我能为他人提供什么

案例

（1）提供自己的创造力

比尔·盖茨 13 岁开始进行计算机编程设计，18 岁考入哈佛大学，1975 年与好友保罗·艾伦一起创办了微软公司。比尔·盖茨担任微软公司董事长、CEO 和首席软件设计师。史蒂夫·乔布斯创建了苹果公司，被认为是计算机业与娱乐界的标志性人物，他先后领导和推出了麦金塔计算机、iMac、iPod、iPhone、iPad 等风靡全球的电子产品，深刻地改变了现代通信、娱乐和我们的生活方式。至今，微软和苹果公司的产品都深刻影响着我们的世界。此外，还有无数的科学家、发明家和研究者不断推进我们对世界的认知前沿。

（2）提供自己的时间

在时间越来越宝贵的今天，时间就是生命，时间就是金钱。如果以个人收入来换算，每个人单位时间的价格会差别很大。这就产生了一个商机：一部分单位时间价格没有那么贵的人，愿意为单位时间价格比较贵的人付出"时间"服务。而单位时间价格较贵的人乐意付费，去"购买"时间。比如，有家政服务，代排队、代跑腿服务，代购药品、商品服务等。

（3）提供自己的天赋

奥运冠军在某项体育运动上颇有天赋，可以成为人类的佼佼者。还有些人天生幽默，总能把人逗笑，成为受欢迎的喜剧演员。又或者有些人对数字、模型非常敏感，成了出色的金融交易员。他们均在自己天赋的基础上成就了一番事业。

（4）提供自己的商业创意

请大家读一读马克·摩根·福特的《生财有术》一书。书中写道，每个人都可以开辟额外的收入来源。你并不一定要有很好的人脉，也不需要特别聪明；只要你愿意多花点时间了解可能的选择，再多花一点时间和金钱去争取它们。而现在社交媒介的发展则给一些创造财富的好点子以很大机会，比如一些社群服务。在我们生活中，时不时会看到这样的平台，参与的人在社群中付费购买或有偿提供信息（社群通常是指基于价值观统一的人，聚集形成的群体或组织，有共同的追求、共同的理想、共同的目标、共同的兴趣。可以简单理解为一个志同道合的群体）。比如，在一个创业社群中，它本质上就是一群想创业的人聚集在一起，分享自己的点子。如果这个创意确实很好并有可能帮助一些人赚钱，那么分享者可以获得收入。而参加这个社群组织的人可以收获很多别人分享的创意，也许有一个可以帮到自己。由于这些点子是有价值的，所以想参加的人需要付年费。而这个社群的创始人通过组织大家分享商业创意这个"点子"而收取年费，从而形成了自己的盈利模式。所以，可以说它是利用别人的"点子"的"点子"。曾有记录，该社群60天可以达到收入百万元并继续保持迅速增长。并且，社群成员的忠诚度很高，且很乐意推荐新成员加入。

也许有同学会认为平时没有接触过售卖创意的例子，觉得离我们很远。其实不然，知乎、豆瓣、简书、知识星球、雪球等各种以知识分享为主要内容的平台早已带我们进入"知本时代"。如果能够善于利用和学习，也许会给我们带来意想不到的收获。

想一想

请同学们阅读《生财有术》（作者：马克·摩根·福特）这本书的部分内容，并搜索你所使用或了解的社群服务的相关信息，思考一下人们是怎样创造财富的。在他们的项目中，可以给其他人提供什么商品和服务？进一步，在商业社会中，我们又将如何辨别哪些因素会促使项目成功，哪些因素可能导致项目失败？

在现代经济社会中，一个人只有提供参与社会化大生产的资源，换句话说，变成对别人"有用"的人，才能更好地生存和生活。这种有用性的衡量标准不是单一的，而是非常复杂的多重维度。

从上面的例子中可以看到，我们可以提供给他人的价值，不仅仅局限于参加工作，出卖自己的时间、体力和脑力。有时候，一个创意、一种特长、一份天赋都可以带来意想不到的商机。所以，为了寻找更多的商机，需要扩展视野，拓宽思路，发展自己的兴趣，发挥自己的优势。

3. 绝对优势与比较优势

当用自己的优势去为别人提供产品或者服务时，我们可能还会考虑：我在这个市场上的竞争力怎样？是不是还有别人更擅长这件事情？如果别人做得比我好，那我是否应该选择这个行业、这个工作呢？当一个厂商考虑这个问题的时候，就会思考：生产同一个产品，自己的成本是不是最低的，或者生产效率是不是最高的？更进一步，相对于别人的生产成本，自己的相对成本怎样？这个问题好像开始变得有点复杂了，那么我们就分步骤为大家解答一下。

实际上，这个问题在很多年前就有经济学家进行了阐述。最早在 1776 年，亚当·斯密出版了《国富论》这部经典著作。在这本书中，他提出了绝对优势——一国生产产品所耗费的劳动成本绝对低于另一国的生产成本时而具有的优势。他相信通过自由贸易，每个国家可以专门生产那些本国具有绝对优势（比其他国家生产效率更高）的产品，同时进口那些本国具有绝对劣势（比其他国家生产效率更低）的产品。同时，斯密认为绝对优势是产生国际贸易的基础。

1817 年英国古典政治经济学家大卫·李嘉图，在其创作的政治经济学著作《政治经济学及赋税原理》中表达了更进一步的观点。他提出了比较成本贸易理论（后人称之为"比较优势贸易理论"）。他认为两个国家之间进行贸易的基础是，每个国家作为个体，在同一组商品中，最擅长生产的商品不同。即便有的国家所有商品的生产率都高于另一个国家，但是它们只要最擅长生产的商品不一样，也可以通过贸易的方式使双方都受益。这也是我们常说的"两利相权取其重，两弊相权取其轻"的原则。我们用下面的例子来说明。

假定有两个国家分别为 A 国和 B 国，它们只生产两种产品——大麦和酒，投入的劳动力如下表所示。

表 2-1　两国生产水平比较

单位产品投入的劳动力	大麦	酒
A 国的劳动投入	100	120
B 国的劳动投入	90	80
总产量	2	2

B 国在两种产品的生产上投入的劳动都比 A 国少，说明它的生产效率比较高。A 国生产 1 单位大麦的劳动和生产 1 单位酒的劳动之比为 100/120。B 国生产 1 单位大麦的劳动和生产 1 单位酒的劳动之比为 90/80。所以，A 国生产 1 单位大麦的劳动只能生产 100/120 单位的酒，而 B 国生产 1 单位大麦的劳动可以生产 90/80 单位的酒。所以，对一国内两种产品的生产效率进行比较，A 国在生产大麦方面有比较优势，B 国在生产酒方面有比较优势。现在让两国进行分工，A 国生产大麦，B 国生产酒，如下表所示。

表 2-2　分工前后两国生产水平比较

国家生产投入的劳动力	分工前		分工后	
	大麦	酒	大麦	酒
A 国的劳动投入	100	120	220	0
B 国的劳动投入	90	80	0	170
总产量	2	2	2.2	2.125

在分工前，A 国和 B 国均可生产大麦和酒各 1 单位，分工后，A 国生产大麦 2.2 单位，B 国生产酒 2.125 单位，均比分工前多。假定 A 国以 1 单位大麦换取 B 国 1 单位酒，则 A 国可以多消费 0.2 单位大麦，B 国可以多消费 0.125 单位酒。两国的消费都得到增加，这些均可通过对具有比较优势的产品进行贸易而实现。

很多时候，我们希望知道自己在哪些方面比别人做得好，这样就可以利用自己的优势去竞争。但是，我们通常会发现，不论智力、体力、创意等哪个方面，总会有人比我们强。其实不必焦虑，只要我们找出自己最擅长的事情，并且不断强化，就可以在社会分工中获得最优的结果。通过社会合作，我们就可以获得更多的收益。

第二节　需要与需求

案例

人的一生要依靠很多必需品才能生存下去，如食品、水、空气、药品等。然而我们对生活的追求不仅仅是生存，而是活得有意义，活出自我。有的人喜欢科技，喜欢尝试各种科技新产品，从电子游戏到电动汽车，从机器狗到无人机。有的人喜欢运动，对各种运动装备了如指掌，喜欢购买和收集。还有的人喜欢高质量的服务，在选择产品的时候特别看重售后服务等。

想一想

① 你需要什么？试着回答一下：

② 这些东西哪些是能买到的？

③ 它们是实验产品还是已经生产出来的？

④ 还是仅停留在设想阶段？

⑤ 买的人多不多？它们的价格贵不贵？

1. 需要与需求的差异

需要指主观感到某种"缺乏"而力求获得满足的心理倾向，是内外环境的客观要求在头脑中的反应。它源于自然性要求和社会性要求，表现为物质需要和精神需要。比如，我们需要水、空气和食物才能生存，这是我们作为生物生存下去的基本需要，属于自然性要求。而我们在社会中生存，希望可以和他人有更多的情感交流，这些则属于社会性要求。

在经济学中，需求一般是指人们有能力购买并且愿意购买某个具体商品的欲望。

需求不等于需要。形成需求有三个要素：对物品的偏好（即喜欢某物品），物品的价格和手里的钱。需要只相当于对物品的偏好，并没有考虑支付能力等因素。一个没有支付能力的购买意愿并不构成需求（这一点请同学们牢记心中）。

在经济学中，我们通常用一条曲线来表示产品的价格和产品的需求量之间的关系，这条曲线叫作需求曲线。在主流经济学中，认为需求曲线是向下的。即产品价格与产品需求之间呈负相关，也就是说，当一个产品的价格越高时，产品的需求就越低。反之，当产品的价格越低时，产品的需求就越高。

例如：一瓶酱油在售价为 5 元时，卖出了 20 瓶；而价格增长为 10 元时，只卖出了 10 瓶；当价格增长为 20 元时，可能只卖出 1 瓶。我们可以把酱油的价格和需求之间的关系用表格，或图形——需求曲线来表示。

表 2-3　酱油的价格与需求

酱油的价格	5 元	10 元	20 元
酱油的需求	20 瓶	10 瓶	1 瓶

图中横轴代表需求量，用 Q 表示，纵轴代表价格，用 P 表示。在点 A 向两个坐标轴作垂线，对应的 P_A、Q_A 即为相应的价格和需求量。D 表示需求曲线（Demand Curve）。

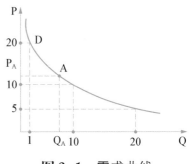

图 2-1　需求曲线

2. 需要可以转化为需求

随着不断创新和技术的进步，我们发现越来越多的需要可以转化为需求。作为一项基础设施——互联网的发展，促进了很多商业机会的诞生。比如，我们以前有在家办公的需要但没有条件实现；有参观并体验北大、清华、哈佛、牛津校园的需要但没有时间和金钱，更没有机会参与它们的教学活动；我们有使用无人驾驶的需要但没有云计算和先进的计算能力；我们有居家养老，随时追踪身体健康状况的需要但没有设备和实时的数据存储与交互……

以上所说的这些需要，部分已经通过科技创新和技术发展成为现实。我们在需要的基础上，运用科技手段提供相应的产品，成功地把人们的需要变成了需求。人们愿意购买这些商品也有购买的能力。

3. 需求的可创造性

案例

随着新冠肺炎疫情的暴发，我国采取了非常果断且有效的防控措施。2020年上半年，大家都居家办公、居家学习。但需要聚集观看的电影行业则遭遇了极大困境。某导演执导的电影（以母子关系为主线）在宣布撤档后，又宣布电影将在大年初一全网免费首播。这个消息确实让很多观众十分惊喜。

显然，该主创团队发现了大家的"痛点"——春节没有影视娱乐活动。而且，通过一种转换思维的操作，制片方团队还赢得相当大的收益。实际上，该电影是由一家科技公司花6.3亿人民币购买了版权，用户可以在该科技公司名下的某款APP上免费观看。同时，该公司也用6.3亿元的成本获得了无数的新用户，用户转化和营销效果都非常好。制片方、科技公司和观众实现了三赢。

显然，制片方在新形势下找到了大家的"痛点"——想看电影而不能，下一步就是将大家的"痛点"所代表的需要转化为需求——成为科技公司的客户，最后实现盈利。

找"痛点",即找到人群中急需转化为需求的需要,对需求创新来说非常关键。这也是开创具有发展潜力的商机的必经之路。

更多的情况是,我们的需要可能并没有被明确地发现。又或者,某种需要可能并不是对所有的人群都适用,而只是一部分人群的需要。有时候,我们的需要可以通过间接的方式被满足。就像上述案例中的制片方,将拍好的电影免费上线,并利用此机会寻求第三方合作,增加盈利机会。最后,我们可以尝试通过找"痛点"的方法去发现商机。

现在请你对班级里的同学做一个小调查，看看他们各有什么样的需要。你能够把这些需要转化成需求吗？或者你能创造出哪些需求来，让你的同学们认可并选择？

发现"痛点"	发现需要	创造需求

第三节　需要如何转化为需求

共享单车

案例

越来越多的城市修建了地铁，并且在地铁站附近建设居民区和商务区。但是，从地铁站出来到目的地的距离，却使人们的出行处于一种有些尴尬的境地。这个距离不是很长，不值得打车，又没有合适的公交车线路，但是走路又需要一些时间，比如 10 到 20 分钟。所谓"最后一公里"，正是大众的"痛点"问题，提供"最后一公里"的快速通勤是大众的需要。以某小黄车和小橙车为代表的共享单车就是为解决这一问题而创立的。

共享单车很好地解决了大众在"最后一公里"的通勤问题。而且在经营初期，共享单车定价非常低廉，成功地将需要转化为需求。这两家企业竞争抢占市场的时候，市场份额的大小至关重要。因为，只有规模足够大，才能降低平均每辆车的运营成本。只有规模足够大，才能让更多人选择该种共享单车。因为随处可见，所以更加便利。有一个专门的词语"路径依赖"来形容这种产品市场占有率越高，人们越选择该产品的现象。

把需要转化为需求，这就是我们所选择的商机。通过创新制造出某种产品，满足人群的需要，同时符合一些经济规律，使产品可以顺利销售给更多的目标人群。这将成为商业成功的第一步。观察世界上伟大的企业，以及社会中各行各业中成功的企业，从成长迅猛的"独角兽"到冷门偏门的工作室，它们的成功有共性也有特性。

在共享单车刚刚兴起的时候，每家公司都投入了大量资金抢占市场、赠送优惠、投放单车。每家公司都在为自己争取尽可能多的资源，比如，获得一些实力雄厚的投资机构或地方政府的支持，并注重市场宣传等。

在共享单车的运营过程中，我们也看到了这类产品不断进行产品创新，以便更好地满足市场需求，并且进行快速的技术进化。比如，车锁越来越先进，车辆拥有蓝牙和导航系统，提高防盗水平；自行车设计越来越舒适易用，同时提升质量，降低返修率；软件设计越来越人性化，而且创新出一系列激励机制防止乱停车。

两家企业经过相当激烈的竞争之后，最终小橙车获得了阶段性胜出。如果我们仔细研究这两家企业的管理模式和经营理念，并结合产品做一些较为细致的调查，我们会发现企业家与团队的综合能力对企业成功与否起了非常重要的作用。

想一想

大家收集共享单车企业的相关资料，阅读并讨论究竟如何看待小橙车和小黄车的发展？谁更胜一筹？

1. 规模

通过上述案例，我们了解到规模变大可以降低成本，规模变大可以增加用户黏性，规模变大可以吸引更多的用户加入……

所以，在选择一项商机的时候，我们要考察这种需要的潜在用户有多少，这个市场是否足够大。因为，只有够大的市场才能带来足够的收益弥补前期的投入，并获得合理的利润，还有可能随着规模增大而降低成本。简单来说，我们要寻找一个值得投入的商机。

另外，我们还需要考虑：这种需要是人们"非常需要"的吗？也就是上面提到"痛点"问题——是不是够"痛"？如果是"非常需要"，那么我们通过各种创造满足了这种需要，就可以获得很大的客户黏性，并可以在目标人群中迅速推广。

2. 资源

如果确定了某种"需要"受众广泛，同时也有办法生产出产品，这时我们就要看看这项商机的实现还需要什么样的资源，以及它们的成本是多少。资源的内涵非常丰富，它不仅仅是金钱资本、自然资源，还包括某些技术专利、知识产权，还有一些法律制度的限制如市场准入门槛、特殊行业的牌照等。

想一想

2020 年 9 月，中国向世界宣布了力争于 2030 年前实现碳达峰、2060 年前实现碳中和的目标。"碳中和"意味着一个以化石能源为主的发展时代开始结束，一个向非化石能源过渡的时代来临。这不仅是我国积极应对气候变化的国策，也是基于科学论证的大国方案，既是从现实出发的行动目标，也是高瞻远瞩的长期发展战略。大家想一想，在碳交易市场中，有哪些资源可以促进交易，获取收益，实现节能减排？

3. 创新

回顾本节开头的案例，我们看到，正是创新使得"最后一公里"的"痛点"问题得以解决。而且通过创新，直接开辟了新的市场，避免进入过度竞争的市场。这会大大提高商机成功的可能。对已有的市场，也可以从市场细分的角度进行创新。对现有的产品市场进一步细分，可能会发掘出不同的客户需求。比如，在共享出行市场中，有共享自行车，还有共享电动车、共享汽车，以上这些均是细分市场。

案例

我们常说两大电商巨头已经把电商做到无处不在，但仍有后起之秀发掘出还未被完全开发的用户，通过用户下沉，即瞄准目标用户为低收入阶层和农副产品的生产商，利用超低价格和参与游戏等经营模式创新，迅速做大。那么，是不是电商平台已经很难再有其他发展空间和机会了呢？现实表明，只要能够发掘新的需要，且市场足够大，仍然可以成功。比如，某定位于中产阶层的新媒体，拥有短视频平台、电商平台和线下店。该公众号汇聚了 2500 个品牌，10 万件日用好物，单日销售额可达 1 亿元。它深入挖掘中产阶层群体对生活品质的追求特性，同时也对接了一些原创设计、传统手工艺作者、非遗传人等，既满足了客户对品位的高要求，也为原创作品和传统艺术品打开了广阔的市场。从客户、供应商到经营模式，均做出了创新。你可以猜猜这是哪家新媒体、新平台。

不断创新，是一个企业的生存之本。在原有的产品和市场情况下，竞争激烈，市场也有可能处于饱和状态。通过选择"痛点"，把需要转化为需求，既可以通过技术创新选择新的市场，也可以在原有市场中创新出新的经营模式。

4. 人才

从前面的案例中，我们发现企业家本人的才能对企业成败有着决定性的作用。但是，真正的企业家关注的仍然是人才问题。不止一位优秀企业家说过，要找到比自己更优秀的人并与之合作，企业才有可能成功。

案例

2019 年 6 月 20 日，某科技公司称："今年我们将从全世界招进 20—30 名天才少年，明年我们还想从世界范围招进 200—300 名。这些天才少年就像'泥鳅'一样，钻活我们的组织，激活我们的队伍。"

该公司每年将收入的 10% 到 15% 投入研发，过去 10 年累计研发投入约 730 亿美元。该公司的实验室中，从事基础研究的人员约有 1.5 万人，数学家 700 人以上，物理学家超过 800 人，化学家 120 多人，每年在基础研究领域的经费投入达 30 亿—50 亿美元。这些投资的成果显著，目前该公司在全球范围内拥有 8 万多项专利，包括美国授权的 1 万多项专利。

想一想

上述几种要素对企业的成功起到什么样的作用？它们之间的关系又是怎样的？

很多伟大企业都有自己的灵魂人物，他们独有的企业家精神造就了一代传奇。

在企业初创阶段，创始人和创始团队的素质可以决定一个企业的成败。在企业成长的过程中，前瞻而富有魄力的人才策略可以不断地给予企业生命力。正是创始人及其团队的执行力和创造力，创新了产品，满足了人们的新需求。

第四节　分析这些才能开启你的商机

1. 为了让你的商机有一个不错的开始，请从以下几个方面展开分析，撰写实验报告。

挖掘一种需要	如何转化为需求	你需要什么资源	（你的分析）
寻找"痛点"	对"需要"部分或全部解决	技术、专利	
目标客户	技术创新	团队构成	
竞争对手	模式创新	资金	
（你的分析）	（你的分析）	法律法规	
		（你的分析）	

说明：

（1）挖掘一种需要：潜在的商机。

寻找"痛点"：寻找大家的潜在需要；

目标客户：描述提供产品或服务的对象；

竞争对手：有哪些产品或者服务可以满足大家的这种需要，从而形成竞争关系。

（2）如何转化为需求：需要大家把想法变成产品。

对"需要"部分或全部解决：发现"痛点"，能够全部解决或者部分解决。如共享单车可以解决"最后一公里"的需要，但是只能部分解决"最后两公里"的需要；

技术创新：为满足大家的需要，独创了什么技术；

模式创新：通过一些整合资源的方法，可以实现某种产品或服务，如利用社交媒体的社群服务、代购、知识付费等。

（3）你需要什么资源：考虑实现想法的过程中会用到什么、有哪些成本。

技术、专利：自己发明或者购买的产品所需的特有技术、专利；

团队构成：需要什么样的人才，是计算机人才还是销售人才等；

资金：产品是否需要初始资金，运营过程中的资金成本等；

法律法规：依法经营，如办理营业执照；不得违法经营，如非法营销、诈骗等。

2．从市场中找寻答案。利用财经数据分析软件，完成下列市场调查。

（1）了解市场需求状况。通过财经网站的高频词、热门板块、话题热度等发现近期需求旺盛的板块和行业。请收集 3—5 个热门板块，了解这些热门板块的产品、产量、需求影响因素等内容。

（2）下载相关热门板块的指数数据，并观察、学习如何解读。

（3）在每个热门板块中选择 1—2 只龙头企业的股票，下载其股票价格数据并持续跟踪，观察、学习如何解读。

第3单元

供给分析
——你的商机是真实的
还是虚幻的

本章知识要点

↓ 供给与供给曲线
↓ 产品的成本构成
↓ 机会成本的内涵
↓ 成本的影响因素

第一节 供给曲线与价格决定

案 例

某品牌运动鞋的限量款，"一鞋难求"。即便是零售价格每双2499元，市场中仍难觅踪迹。因为太多人想购买，需求旺盛，供不应求。所以，市场流通的都是加价过的，一双从2500元到4000元不等，甚至更贵。由于市场上的需求太过旺盛，新鞋一上架马上就被买走了。或者长年无货，一些经销商宁愿屯货也不售出。经销商认为限量款鞋的价值要大于它的定价，所以只有当价格上升到经销商认为合适的水平时，经销商才愿意出售。

想一想

经销商的利润是怎么计算的？如果市场上有人开价每双鞋5000元，会有多少经销商愿意卖给他？

1. 供给与供给曲线

供给，指的是厂商在一定时间内，在一定条件下，在每一价格水平上愿意并且能够生产的，或生产出后愿意出售的商品或劳务数量。经济学中的供给指的是供给（生产）量与价格的关系或价格与供给（出售）量的对应关系。

供给曲线是价格与供给量对应起来的曲线。供给曲线一般向右上方倾斜，是因为在其他条件相同的情况下，价格越高意味着供给量越多。

例如：一瓶酱油在售价为 5 元时，厂商生产了 6 瓶；而价格增长为 10 元时，厂商生产了 15 瓶；当价格增长为 20 元时，厂商愿意生产 20 瓶。我们既可以把酱油的价格和供给关系用表格表示，也可以用图形——供给曲线来表示。

表 3-1 酱油的价格与供给

酱油的价格	5 元	10 元	20 元
酱油的供给	6 瓶	15 瓶	20 瓶

图中横轴代表供给量，用 Q 表示；纵轴代表价格，用 P 表示。从点 A 向两个坐标轴作垂线，对应的 P_A、Q_A 即为点 A 对应的价格和供给量。S 表示供给曲线（Supply Curve）。

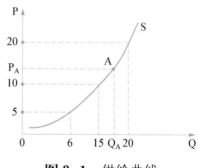

图 3-1 供给曲线

2. 价格决定和市场均衡

结合第 2 单元第二节，我们会发现这样一个事实：需求曲线和供给曲线在同一个坐标系中，且需求曲线斜向下，供给曲线斜向上，两条曲线会相交于一点 A。我们称这一点为均衡点。

在这里，市场的供给和需求达到平衡，由供给和需求共同决定商品的成交价格和成交量。如果商品价格小于均衡价格，如图 3-2 中 P_2 所示，则低价导致需求增多，但是供给减少，厂商不愿意在这种低价水平上提供更多的产品，所以供不应求会导致价格上升；如果商品价格大于均衡价格，如图 3-2 中 P_1 所示，则高价导致需求减少，但是厂商却供给

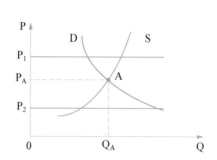

图 3-2 需求曲线与供给曲线

增多，供过于求会导致价格下降。这两种情况都不能做到供求相等，也就是不能达到市场均衡，最终价格会回到均衡点 P_A 的位置，商品成交量也会在均衡位置 Q_A。

横轴代表商品量，用 Q 表示，纵轴代表价格，用 P 表示。由供给曲线和需求曲线的交叉点 A 向两个坐标轴作垂线，对应的 P_A、Q_A 即为相应的均衡价格和均衡供给量。

第二节　抓住你的商机需要控制成本

1. 如何理解"客户是上帝"

案例

一个小区理发店物美价廉，吸引了小区的好多居民光顾。店主遵照"客户是上帝"的理念，在理发店为顾客提供热茶、电动车充电等服务，还有围棋、纸牌等，这些都是免费的。这些跟主营业务理发的关系并不大，提供这些并不能改变客户对理发速度、质量的评价。这家店吸引了很多前来打发时间的人，这些人对理发要求不高但有足够多的时间。同时由于环境氛围的改变，一些需要理发的人可能要排队，或者因为不喜欢喧闹，而选择去别的地方理发。

"客户是上帝"更多的是说一种价值观。作为创业者，需要时刻想着如何满足客户的需求并让客户得到更好的体验。唯有如此，客户才会持续选择你，企业才能生存。但是，这句话并非指不计代价地满足客户的各种需求。

另一个大家耳熟能详的例子就是创建于 1994 年的四川火锅××捞。××捞以周到的服务著称。××捞的服务表面上的特点为有求必应，无微不至，嘘寒问暖，小小恩惠，但其内涵绝不止于此。

案例

××捞的免费服务非常多，但不会有人完全彻底地去全部体验一遍。排队等位时送水果和饮料，提供美甲、美发和擦鞋服务，用餐时给你递上眼镜布和手机套，甚至在洗手间都备有一次性牙刷和梳子。顾客的消费心理往往是，只需要知道餐厅里有这样的服务就可以了，即便没有使用，实际上内心已经满足了。

有客户分享，想单点一份炸腐竹，别的火锅店都没有，只有鲜腐竹。到了××捞，有服务员迅速走过来询问，得知需求后完全没有不高兴，高标准全方位地接待顾客之后，紧接着说："您就点一份腐竹，您点好了我让后厨给您炸。"就像现炸一份腐竹是顺理成章理所当然的事儿。

另一位顾客分享，他和一群朋友去吃饭，在等锅开的时候讲了个笑话，朋友们没有笑。于是，旁边上菜的服务员咯咯咯咯地笑了起来……是很努力的那种笑。尴尬中带有一丝感动，这位顾客连连感叹这是真正的人性化服务。

在餐饮行业，整个就餐时间长，用户体验是就餐体验的一部分。通过礼貌用语、无微不至的服务增加客户满意度，要比通过研发菜品提高味道的成本低得多，因为后者是有天花板的。而五花八门的各种小体验、小实惠也会降低客户等位时的流失率。这些服务向客户传达了企业对客户的重视，也更好地改善了因客户众口难调带来的流量损失和口碑损失。

想一想

在上面的两个例子中，小区理发店和XX捞火锅店在业务性质、成本控制、规模、目标客户等方面有什么区别？小区理发店应如何做好自己的生意，对此你有什么建议吗？

2. 究竟什么是成本

想一想

小区理发店在实行"XX捞"式服务的同时，除了直接的成本外，还有什么损失吗？

人们要进行生产经营活动或达到一定的目的，就必须耗费一定的资源，其所费的资源，我们称之为成本。通常，我们可以使用货币来计量成本。但有时，某些成本也可能无法计量。

在小区理发店的例子里，开店成本包括房屋租金、水电煤费用、设备费用、材料费、提供各种服务的成本、人力成本等。人力成本中还包括主营业务理发的人力付出，以及附加服务如招待茶水付出的人力成本。

拓展思考

　　如果理发店使用的染发剂对环境会造成污染，每次倾倒的时候是不是也会产生代价？这种代价如何计算？算作成本吗？如果理发店店员长期使用烫染材料，对身体健康可能造成损害，这种损害如何计算？算作成本吗？

3. 成本控制不仅是战术而且是战略

案例

当地时间 2019 年 5 月 15 日，美国商务部以"国家安全"为由，将我国某科技公司及其 70 家附属公司列入出口管制"实体名单"[①]。2020 年受到美国第二轮制裁的影响，该公司需要的芯片没办法继续生产。同时，美国施压其盟友，要求中断与该公司的合

　　[①]　出口管制是指国家通过法令和行政措施对本国出口贸易所实行的管理与控制。"实体名单"是美国为维护其国家安全利益而设立的出口管制条例。在未得到许可证前，美国各出口商不得帮助这些名单上的企业获取受本条例管辖的任何物项。简单地说，"实体名单"就是一份"黑名单"，一旦进入此名单，实际上是剥夺了相关企业在美国的贸易机会。

作。在此重压之下，该公司没有倒下，缘于其早在15年前，就已经开始准备B计划。这个B计划就是其半导体子公司。

　　早在2004年，该公司成立了半导体子公司，主攻消费电子芯片。该公司总裁说："每年4亿美元的研发费用，一定要站起来，适当减少对美国的依赖。芯片暂时没有，也还是要继续做下去，这是公司的战略旗帜，不能动摇。"①

　　伟大的企业不仅能够创造出革命性的产品，而且具有长远的眼光。成本控制可以增加企业的利润，但如果短期是增加成本的行为，长期却可以降低总的成本和风险，那么即便当时实现有阻力，也要去做。所以，控制成本需要有前瞻的眼光，这不仅是一种战术，而且是战略行为。

---

①　聂辉，白靳. 华为"B计划"，布局十五年 [J] . 今日文摘，2019：08.

第三节　机会成本与沉没成本

1. 机会成本

机会成本与资源的稀缺性有关。因为资源是稀缺的，我们做任何选择都是有成本、有代价的。机会成本的意思是，一种选择或决策的代价——将资源用于某种用途时必须放弃的其他最好用途的价值。

机会成本与会计成本是两个不同的概念。会计成本有五种计量方式，通常情况下采用历史成本计量，即是指实际支付的货币成本。机会成本可能等于会计成本，也可能不等于会计成本。因为过去支付的成本未必是"最好"用途的成本。

（1）商业中的机会成本

案 例

当一个厂商决定利用自己所拥有的经济资源生产一辆汽车时，这就意味着该厂商不可能再利用相同的经济资源来生产 200 辆摩托车。于是，可以说，生产一辆汽车的机会成本是所放弃生产的 200 辆摩托车。如果用货币数量来代替对实物商品数量的表述，且假定 200 辆摩托车的价值为 10 万元，则可以说，一辆汽车的机会成本是价值为 10 万元的其他商品。

商业中处处充满着机会与机会成本。商机并不意味着一定成功，投入则意味着机会成本。如果不做好尽职调查和商业计划就盲目投入，则很有可能白白耗费金钱和时间。

（2）人才的机会成本

案例

生活中，我们有时候会看到这样的新闻，一些行业精英，因为工作透支生命严重，在工作岗位上猝死、年纪轻轻罹患恶性肿瘤等。在生命中最美好的年华，却早早地凋谢了。

从个体的角度来说，人最有价值的东西就是生命。如何衡量生命？健康和时间可以算是常用的两个维度。我们看到有很多优秀的人为了工作不惜牺牲自己的健康和家庭，表面上看好像工作会有更大的进步，但是从机会成本的角度来看，如果这些人能够保持健康，避免猝死、生病，也许他可以做出更大的成就。

从企业的角度来说，选用人才同样要考虑机会成本，因为在用人的时候需要兼顾有限的资源和人才的可持续发展。同时人才与企业是双向选择，人才也会考虑自己最好的发展方式。

2. 沉没成本

案例

某企业计划建一个工厂，已经投入2000万元，只建好了一半，建成前没有任何价值，要建成还需要再投入1000万元。但是现在情况发生了变化，由于技术创新，建厂方式产生改变，重新建一个价值完全一样的工厂只需要500万元。则原来的2000万元就是沉没成本。重新建厂是理智的决策，因为只需要再投入500万元就可以实现当初的计划。

我们把已经发生了且不能收回的支出如时间、精力、金钱等，叫作沉没成本。

从理性决策的角度来看，沉没成本已经发生且不能收回，所以我们未来的决策应该与此无关，而是要考虑未来可能发生的费用和收益。但是人们在做决定的时候往往会受到这样的心理影响——已经投入了很多，如果不能收回来的话觉得很亏，所以会在坏的项目里持续投入。比如，人们往往会持有亏损的投资项目，卖掉盈利的投资项目。

请大家收集身边有关沉没成本的例子，然后看一看决策者的决策有没有受到沉没成本的影响，并谈一谈你的想法。

第四节　失败是成本也可能是进步

1. 创业失败

根据国家统计局的数据，2017 年以来《中国大学生就业报告》中显示，大学生创业失败率高达 90% 以上。主要原因有以下几个方面：

首先，缺乏足够的资金，很多大学生在创业初期，资金是一大难题，虽然有一些好项目，但因为资金链断裂无法继续，创业也就很容易失败；

其次，项目选择不对、好高骛远。有些大学生毕业后创业激情很高，总是自以为是，对项目了解不够，总想一下子做大，最后以失败告终；

最后，缺乏足够的耐力和努力。创业是很艰难的过程，有激情还不够，还得有耐心和吃苦的精神，很多创业者中途会失败。

参考行业权威公司 CB Insights 公司[①]的分析数据，可以看到创业失败的一些共性原因。

CB Insights 通过分析 101 家创业公司的失败案例，总结出了创业公司失败的二十大主要原因，包括融资用尽、竞争力不足、产品糟糕和商业模式不佳等。我们选取前十大原因进行总结，如下表所示：

表 3-2　创业失败前十大原因总结

产品问题："痛点"与需求	1. 没有分析出市场需求就贸然做决定开发产品	42% 失败的创业公司都会出现这个问题。创始人太执着于创意，却没有弄清创意是否符合市场需求，是否有市场空间。只有先期做好市场调查，根据市场需求制定产品战略，才能做到有的放矢，做出产品后才会有市场空间。
	2. 糟糕的产品	17% 的创业公司开发的产品很糟糕。巧妇难为无米之炊。
	3. 忽视客户	哈佛商学院教授克里斯坦森（Clayton Christensen）指出，过于听信客户有可能导致大公司失败，14% 的创业公司因忽视客户最终失败。
成本控制与未雨绸缪	4. 无法获得新融资	29% 失败的创业公司遇到了这个问题。青黄不接的情况可以预见，所以唯有提前准备好应对措施。既然已经获得融资，为何无法获得新的融资呢？产品是否不具有可持续投资的价值？其实，获得最初的融资只是万里长征迈出的第一步。
	5. 定价 / 成本出现问题	对于创业公司而言，产品定价不能过高，也不能过低，应当找到最适合的定价。遗憾的是，18% 的公司没有找到正确的定价。

---

① 这家风险投资数据公司成立于 2008 年，会定期发布经济发展趋势及"独角兽"公司名单，因而经常被科技媒体引用。

（续表）

团队合作	6. 团队不行	23% 失败的创业公司缺少能够指挥大局的人物。多数风险投资机构表示，投资之前首先考虑的是团队，其次才是创意。没有一个执行力强、理解力强的团队，再好的创意也不过是空中楼阁。
商业模式	7. 竞争力不足	风险资本家彼得·蒂尔（Peter Thiel）建议创业公司一开始就规避竞争，进入其他人没有尝试的领域。约 19% 的公司没有这么做。
	8. 缺乏商业模式	好的创意需要好的商业模式。这就需要找到将创意变现的途径，缺乏商业模式导致 17% 的创业公司最终失败。
	9. 糟糕的营销	仅仅懂得怎样写代码或开发好的产品是不够的，还要利用有效的营销对外销售更多的产品。14% 的创业公司没有好的营销团队。
	10. 产品推出时间点不对	时间点至关重要。13% 失败的创业公司的产品没能在正确的时间推出。万事俱备，只欠东风。在没有"东风"的时间段贸然推出产品，借不到力也会导致失败。

资料来源：yawei，小浪等编译 .CB Insights：分析 101 个创业失败案例，我们总结了二十大失败原因 [EB/OL] . [2020-1-9]. 大数据文摘 .https://36kr.com/p/1721483886593.

2. 从失败中获取经验

想一想

请同学们查找资料，了解国内外电动汽车头部企业的发展历史，并理解其危机产生的原因是什么。想想看，是什么因素帮助企业家渡过难关的？这些因素可以复制吗？

成功的企业和企业家无一不是每日兢兢业业、如履薄冰，谨慎地应对企业发展过程中的每一个决策和每一次挑战。因为再大的企业如果跟不上时代的发展，决策出现战略错误，最终也将会以失败告终。

　　成功的企业则是在一次次挑战中生存下来，在失败中幸存。"凡是不能杀死你的，最终都会让你更强大"。

第五节　分析这些才能开启你的商机

1. 请根据前文我们找到的商机，尝试分析实现供给可能需要的资源、成本，以及这些资源的机会成本。尝试预测未来可能会在哪些方面遇到困难，并提出解决办法。

一个商机：产品是 ×××	需要资源 1 生产工具	需要资源 2 生产时间	需要资源 3 人力	需要资源 4 销售方式和场地
可得性				
资金成本				
时间成本				
机会成本				
改进方法				
（你的分析）				

说明：

（1）"需要资源"是指我们在实现商机中需要用到的各种东西，包括生产工具（如加工机器）、生产时间（如生产产品的时间，使用资源的时间）、人力（如需要几个人去做这件事）、销售方式和场地（如不需要场地的网上销售还是需要摆摊租赁场地）等。

（2）第一列内容表示我们需要的各种东西在各个维度上具备什么样的特性。比如，同学们希望生产《错题、真题集锦》这个产品。

资源1，生产工具是电脑、打印机。

那么该生产工具的可得性：容易得到；

资金成本：电脑、打印机的租赁成本、使用折旧成本以及纸张笔墨的成本；

时间成本：计算一下一本产品从构思到打印出成品的时间；

机会成本：例如，使用家里电脑和打印机占用了父母办公的时间；

改进方法：租用机器。

资源2，生产时间的情况。

可得性：同学们可以利用课余时间；

资金成本：同学们由于没有收入，所花时间也不用付钱；

时间成本：就是用掉的时间；

机会成本：这个比较重要，这个时间可以用来学习，也可以娱乐玩耍。创业的同学可以自己衡量；

改进方法：同学们想到了更好的工作方法或者分工协作，缩短了人均生产产品的时间。

资源3，人力的情况。

可得性：同学们一个人即可操作，不存在缺少人手的情况；

资金成本：在没有雇佣别人的情况下，无需为人力付费；

时间成本：人均产品生产时间；

机会成本：同学们投入其他活动、商机中的收获，与资源2的机会成本类似；

改进方法：增加人均产出，提高自己的生产能力。大家可能注意到时间和人力的机会成本与改进办法是一样的。因为在这个例子中，是同学们自己生产产品，所以消耗的时间和人力是成正比的，如果存在雇佣劳动力的情况，则不同了。

资源 4，销售方式和场地，是指产品最终可不可以销售，是否需要额外的人和物来支持。

可得性：网络售卖无需场地，完全可得；

资金成本：网上销售不发生销售成本，如果要租场地则会产生成本；

时间成本：如果产品可以迅速售卖，甚至购买者只要电子版，则销售时间成本为 0，如果需要个性化定制，则销售时间成本可能需要一周；

机会成本：如个性化定制产品，销售周期过长，则在此时间内可以销售大量标准化产品；

改进方法：优化销售流程，提高销售效率。

2．从市场中找寻答案。利用财经数据分析软件，完成下列市场调查。

（1）了解市场供给状况。在第 2 单元收集的热门板块基础上，尝试研究产品生产商的产量、出厂价格、利润率等指标，并作出评论。

（2）更新第 2 单元学习后收集的指数、股票数据，并观察它们最近的走势。

（3）在前面选择的股票中挑选一只，收集资料了解该公司的产品、产品满足了什么样的需求、公司的经营状况、经营状况的影响因素等各方面信息。

第4单元

相对价格分析
——让你的
商机无可匹敌

本章知识要点

↓ 什么是价格竞争策略

↓ 灵活定价提升消费感知

↓ 为商机融资需要具备哪些优势

企业A

企业B

第一节　你考虑自己的竞争对手了吗？

孙子说：知己知彼，百战不殆。如何准确识别竞争对手，形成正确的价格竞争思维？

案例

1. 小商品批发市场中有一家服饰店，兼做批发和零售业务，人流量大，地理位置优越，经营了十几年，生意兴隆。突然有一天，店铺旁边进驻一家新店，老板在门口摆了一排五折促销的衣服作为引流，并且安排店员在门口招揽客户。事实上，这两家店的服饰质量相差不大，但是由于新店采用了低价战术，导致原来的店铺零售客户流量减少了大半。

2. 某个地区有 100 家装修公司，而同一地区有 200 家需要装修的客户。若 50 家规模较大的装修公司利用自身优势开出低价抢走 160 家客户，则剩下的 50 家装修公司就只有 40 家客户有机会合作了。近年来受到新冠肺炎疫情的影响，订单量大量缩减，无法提供低价的装修公司只能面临倒闭的风险。

3. 2017 年，两家共享单车企业为了争夺共享单车市场，相继推出月卡优惠活动。当时低至 1 元或 2 元骑行的月卡活动，为企业获得了大量的用户，同时也竞争掉行业内大部分规模小的玩家。虽然价格战为这两家企业获得了增量用户，但是它们双双陷入亏损的泥潭。并且，在共享单车企业月卡恢复原价的时候，很多用户重新考虑出行方式是继续骑行共享单车还是选用公共交通工具。最终，其中一家企业债务重重而无人接盘，另外一家企业不得不"卖身"才得以生存。

4. A 和 B 两大外卖平台主要采用折扣补贴和满减补贴两大手段发动价格战，其间部分商家受损严重。例如，某商家给一款菜品做秒杀活动，秒杀价为6.9元，B平台给商家补贴14元。对于商家而言，该菜品售价相当于20.9元。对于客人而言，这顿饭仅花费8.9元（含1元打包费和1元配送费），若商家发放红包或者订单满减，则客人花费更少，甚至可能低至0.1元。因B平台的促销活动，商家日单量激增至500单。面对激增的单量，有的商家为了短期高额利润，并未在A平台下架相同菜品。但是为了节省成本，这些商家也并未增加

人力来保证菜品质量。菜品质量的瑕疵导致商家在促销期间积攒了大量的差评和投诉。而促销结束后，该商家在A和B平台的单量都大幅下滑，受到非常大的损失。

1. 价格竞争

消费者在购物时，首先考虑的是价格因素。因此，某些企业可能会为了抢占市场，通过降价的手段争取消费者。以上行为均属于正常的商业价格竞争范畴。在案例1中，若新店的打折促销行为引发同类企业之间推出类似降价或者更加激烈的应对策略，则很有可能导致两家店铺之间反复博弈。若两家的降价竞争态势超出各自能够承受的范围，则"恶性价格竞争"就产生了。"恶性价格竞争"的表现是产品销售价格接近甚至低于产品的平均成本水平。

2. 恶性价格竞争大有危害

在商场上，很多企业迫于竞争的压力，仅仅是一味地低价，而并没有推出好的产品。实际上，消费者根本上需求的是好的产品，或者说"性价比高"的产品。不惜压低价格接更多的单子会带来严重后果。

（1）压迫同行，扰乱市场

商品价格随着市场供求关系而变化，可以发挥优化资源配置的作用。案例2中装

修公司的恶性价格竞争使得产品价格偏离正常水平，发出错误的价格信息，扰乱市场正常的价格秩序。

（2）累垮自己，生存艰难

低价竞争扰乱正常的行业秩序。一些实力雄厚的企业不惜代价，大搞亏本销售，试图破坏竞争对手的商品行销能力，挫败竞争对手，以便独霸市场，但是这个过程也使优秀企业自身利益受到损害，甚至鹬蚌相争渔翁得利，后来进入市场的企业反而占据主导地位。另外，为数不多的中小企业并不具有规模经济或技术优势，但为了能够在市场中生存下去，只能拼命拿订单、赶业绩，在行业健康发展趋势受到威胁的情况下，中小企业也生存艰难。

（3）坑害客户，损害利益

为了保证自身利润，若干中小企业在价格战的逼迫下也采取降价倾销的手段，而使用这些手段的前提必然是降低产品的性能、质量甚至安全性来降低成本，直接侵害消费者的利益。也有一些客户在面对企业低价倾销时，被眼前的小利益所迷惑，没有长远的眼光，最终沦为价格战的"炮灰"。

3. 制定"具有竞争力"的价格

市场上竞争的双方，不能一味地依赖价格战来抢占市场。谁更能制定出"具有竞争力"的价格，则意味着成功了一大半。那么，什么是"具有竞争力"的价格呢？一般而言，比竞争对手的某些产品线价格段低，并且产品的价值感高，这就是"具有竞争力"的价格。从理论上而言，若某产品的性能与较高价格的产品相当，但实际售价处于较低的价格区间，则该产品是有竞争力的，即企业应寻找竞争对手销量不好的价格段，在该价格上提升产品性能的档次，提高产品的"性价比"。

吸尘器线下市场排名前列的品牌是 DS、KWS 和 HE。截至 2020 年 6 月，DS 吸尘器市场占比 43.03%，同比（与上年同期相比）增长 4.06%；销售额市场占比 63.47%，同比增长 7.64%。国内某家用清洁电器类的品牌集团公司，准备开发旗下吸尘器品牌，走中高端路线，目标竞争品牌是 DS。DS 具有非常强的品牌知名度，在相同功能属性下，这个国内品牌很可能无法通过技术和成本优势战胜 DS。

那么，从这个国内品牌的角度出发，请你考虑可以通过哪些途径，制定"具有竞争力"的价格，提升自身产品的竞争力？

途径1：

途径2：

途径3：

（你的分析）

第二节　你能从价格上提升他们的消费感知吗?

消费者购买的往往是"相对低价"而不是"绝对低价"产品,并非人们通常所认为的"一分价钱一分货"。那么,在商业中是否可以通过灵活的产品定价,提升消费者的感知价值呢(消费者考虑购买产品或者服务所必须付出的成本之后对本次消费的主观评价)?

案 例

1. 某高端品牌化妆水套装的文案是这么写的:万千挚爱,一滴焕启晶透;一瓶见证肌肤净澈,透享焕发高端质感。该品牌化妆水定价较高,但是根据其公司 2021 年第一季度的财务数据显示,该产品销售额增长超过 20%,中国市场消费强劲。

2. 2020 年"双十一"零点刚过,某品牌手机在某商城平台的成交额 7 秒破亿元。该手机品牌的官方网站上给出某高端机型产品的 6 大购买理由:

• 非凡性能,强"芯"才有大智慧

• 非凡设计,科技缔造艺术之美

• 非凡影像,超感知徕卡影像

• 非凡快充,满足对速度的渴望

• 非凡体验,创新全场景智慧生活

• 非凡安全,你的隐私只属于你

1. 提高消费者感知利益的途径

通常，人们普遍认为"产品价格＝成本（原材料、人力、房租和水电等）＋合理利润"。但是，事实上我们会发现，市场上存在几千元的衣服、几万元的香水、几十万元的包包，这些产品的价格远远超过自身成本与合理利润之和。所以，商品定价并非简单的成本和合理利润相加，而是与商品的"价值感"紧密联系，更准确地讲是"可感知价值"。

可感知价值是指消费者在感知到产品或服务的利益之后，减去获取该产品或服务时所付出的成本，所得到的对产品或服务效用的主观评价。举一个简单的例子，有两家早餐店，第一家的生煎包 7 元一份，距离 500 米，第二家的生煎包 4 元一份，距离 800 米。这时，去哪家早餐店买早餐不仅仅取决于生煎包的价格，也取决于距离等其他因素。又如案例 1 中的某高端品牌化妆水，价位较高，但是给消费者传递的信息是用了该产品后可以变年轻，这也是该护肤产品传递给消费者的"可感知价值"；案例 2 中某品牌手机的该型号产品价位在 5 499 元至 13 999 元不等，属于高端机型，但是消费者的可感知价值让手机的价格显得更加合理。

因此，根据产品定价原则和可感知价格理论，若要改善人们的生活，提高消费者的感知利益，则有两条途径：第一，降低可感知购买成本（购买产品时付出的价格）；第二，提高可感知产品价值。

2. 降低可感知购买成本

（1）技术进步降低成本

降低销售价格的根本途径是减少成本，最科学的方式是通过技术手段，提高生产效率，在考虑成本和保证产品质量的情况下，降低产品价格，提高消费者的价值感。现在有很多高端产品平民化，如小米扫地机器人，价位不高，且人人可用。

（2）错位竞争提高优势

消费者的消费观念日趋成熟，也会影响产品和技术发展。各大厂商为满足用户需要，加快研发和应用，从而提高消费者的消费体验。例如，同价位的国产车会比合资车配置更高，并非国产车不追求合理利润，而是国产车通过错位竞争，避开合资车在发动机、变速箱和底盘三大件方面的优势，通过中控大屏、真皮座椅、座椅加热、后视镜自动折叠等方面的高配置来体现自己的优势。

（3）多层次定价保证利润

消费者对相对价格比对绝对价格更加敏感。例如，电影院里 10 元的爆米花比便利店里 10 元的爆米花更"便宜"；黄山顶上 20 元的矿泉水比山下超市里 20 元矿泉水更"便宜"。产品促销期间的定价不能与竞争对手一样不理智地全面特价和全面降价，只能采取局部、短期特价。需要遵循两个原则：①热门、价格透明的产品，尽量压低价格；②其他产品尽量抬高价格。此举的目的一方面是让消费者感受到降价的好处，另一方面又不让消费者察觉到某些产品买贵了。例如，第一阶梯设置超低价特价产品，吸引人气；第二阶梯设置略低于行情价，给予消费者"价格实在感"；第三阶梯设置高价，保证利润，弥补第一阶梯产品定价过低带来的损失。

3. 提高可感知产品价值

消费者在购买产品时会先根据产品配套或周边环境，即配套产品或服务的数量来估算产品的价格。例如，在京东和天猫购买同款机型的手机时，消费者会反复比对价格、分期计息方式、以旧换新价、附送礼包、流量套餐、售后服务等优惠。去高档餐厅吃牛排时，消费者不仅会确定牛排的质量和口感，更多地会考察餐厅环境、装修、餐具、服务等。产品的"外在因素"可以提升消费者的可感知产品价值。所以，可以在定价前给产品先定位，即为产品定价制造支撑价格的外部因素，以满足不同需求，从而提高消费者的可感知产品价值。

请你根据不同场景设定，分别从降低可感知购买成本和提高可感知产品价值两个角度设计策略，提升消费者的感知利益。

1. 某商场一线品牌店里共有300件待售男式衬衫，其中50件是库存（往年剩下的没有卖出的产品），150件是当季热销款（与其他品牌的某些男装品质和款式类似，竞争较大），还有100件是高档款（价格很高，品质最好）。

假若你是这家门店的经理，在双十一期间，你可以考虑对本店产品实施阶梯性多层次定价，既完成销量、保证利润，又降低消费者的可感知成本。

例如，第一阶梯是打折特价，这部分活动针对库存产品开展，目的是吸引顾客和消化库存；第二阶梯是略低于行情价（略低于其他品牌同类产品的价格），这部分活动针对当季热销款产品，目的是让顾客觉得你家的衣服价格实惠；第三阶梯是针对高档产品，目的是保持门店利润和品牌竞争力。

请你根据门店背景介绍，结合所学知识点和个人理解，完成下表吧！

定价层次	定价策略	预期销售情况		预期利润情况	
		销量	涨跌幅	利润	涨跌幅
第一阶梯					
第二阶梯					
第三阶梯					

2. 产品定位有助于消费者认同产品售价，增加价值感，并接受产品定价。请根据你的理解分别从增加"形象利益"、降低"形象成本"、增加"心理利益"、降低"决策成本"、降低"行动成本"等角度为某些产品配置外部因素，使其与同价位不同品牌产品相比，消费者的可感知价值有所提升。请参考某品牌男鞋的设计方案，为某品牌手机（或者是你的项目产品）配置外部因素吧！

产品类型	增加"形象利益"	降低"形象成本"	增加"心理利益"	降低"决策成本"	降低"行动成本"
某品牌男鞋	出入商务场所，提升个人形象气质	线上线下同步销售，消费者可以比较价格，消费者不会因为比价行为而觉得没面子	包装盒更加精美大气，标注使用高档牛皮，使消费者觉得买得很值	根据销量、消费者的偏好对不同品类的鞋子标注"人气单品""销量单品""店长推荐"等，都助消费者较快做出购买决定	把店铺开设到各大小商场甚至小区门口，让消费者非常方便地找到一家实体店，不需要跑到离家很远的大商场
某品牌手机					
你的项目产品					

第三节　谁会投资？——为你的商机融资

资金是一个项目在市场上站稳脚跟、战胜竞争对手的决定性条件。一般而言，创业公司普遍缺少资金，所以，创业公司才需要融资。初创项目可以从哪些渠道融资呢？

除了创业者自筹资金以外，初创项目的外源融资途径大概有以下几种：

（1）银行贷款。创业者可以向银行申请抵押贷款或者信用贷款。前者需要向银行提供抵押物，例如房产、车辆等；后者无需向银行提供抵押物，银行凭对借款人资信的信任而发放贷款。

（2）政府扶持。创业者可以争取政府的支持项目贷款或者申请当地政府对各行业创业者的扶持基金，这部分基金主要是为了支持初创期科技型中小企业创业和技术创新。

（3）天使投资。创业者可以吸引天使投资人以参股的形式投资初创项目。通常，创业者可以通过创业路演或者私人关系等途径将创业项目宣传推广，寻求资本方的青睐。创业项目想要成功吸引天使投资，那需要具备哪些先决条件呢？

案例

小马最初创业时很穷，只能自己去找投资。知名天使投资人（为具有巨大发展潜力的初创企业进行早期直接投资的机构或个人）刘总看中他的项目，从而决定投资，最终该项投资一夜成名，刘总的投资回报达到2000倍。刘总决定投资做小马项目的天使投资人的主要原因：一是经可靠的企业家朋友极力推荐，刘总与小马结识，并认为小马十分值得信赖；二是小马的项目后台技术过关，数据很好，给刘总留下深刻的印象。

小陈在做游戏开发项目失败后通过自行摸索，发现了网上卖化妆品的新领域。徐总对于小陈决定转型和对团购模式萌发的兴趣颇为看好，并点拨小陈可以通过自我宣传帮助网站知名度提升。

作为一名创业者，必须做的有两件事，一是专注于产品，二是找到投资。在解决产品和商机的问题之后，若创业者缺乏资金，需要融资，则务必了解投资人的心态。投资者愿意投资的前提是早期企业具有投资价值。具体而言，创业者吸引投资需要具备以下三个方面的因素。

1. 创业项目具有增长潜力

创业公司应该处于全新的市场，并且这个市场本身正处于快速成长阶段，例如当初的互联网和当下的人工智能、物联网等。若创业公司在该市场中具有优势，则会获得高于市场平均水平的增长，满足投资者非常高的预期回报。

2. 创业项目具有技术优势

创业项目拥有独特的技术或者产品优势，能够打破瓶颈，解决市场中存在的难以解决或难以逾越的用户"痛点"，或者颠覆行业内传统的业务模式。例如早期开发线上外卖业务、打入打车软件市场、发展移动支付业务等。

3. 创业项目具有可靠的团队

创业需要组建一个可靠的团队。项目创始人组建的管理团队必须是固定、平衡且富有经验的。团队中有人负责财务管理，有人擅长营销，有人适合产品设计，彼此相互协作、相互学习，取长补短。团队良好的执行能力和配合能力是天使投资人非常看重的一点。

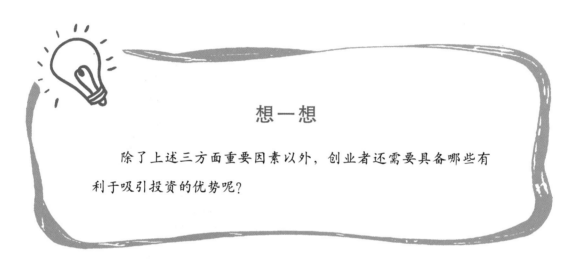

想一想

除了上述三方面重要因素以外，创业者还需要具备哪些有利于吸引投资的优势呢？

知识拓展

企业从创业初期到首次公开募股（Initial Public Offering，简称为IPO）之前的融资过程属于一级市场（政府或公司将股票、债券等证券首次出售时的市场），这个过程经历天使投资（Angel Investment，简称为AI）、风险投资（Venture Capital，简称为VC）、私募股权投资（Private Equity，简称为PE）和IPO。IPO之后，企业走向二级市场（债券和股票首次发售后进行交易的场所），所发行的证券开始进入交易所进行交易。

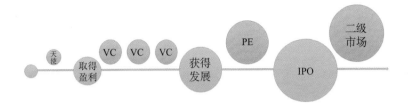

1. 天使投资

天使投资所投的是一些非常早期的项目，一般没有完整的产品和商业计划，甚至仅仅是一个概念。天使投资面临的风险很大，行业趋势不可预期；一般金额也很小，在商业模式成熟时就退出。初创项目吸引天使投资人的青睐，获得天使投资或资方给与的资源，从而得到迅速发展；待其他机构发现本项目商业价值后逐渐进入时，天使投资方可以逐步减少投资降低持股。

2. 风险投资

风险投资一般针对早期或者成长期的企业，团队齐全或者有良好的业绩，经营模式相对成熟，有用户数据支持，获得了市场的认可。该阶段企业经营依然存在一定风险，可以获得的投资金额比天使投资多，在获得资金支持后进一步开拓市场可能出现爆发式增长，提升价值，获得资本市场的认可，并且为企业后续融资奠定基础。风险投资过程有多轮，如 A 轮、B 轮、C 轮和 D 轮等。每轮融资都为企业发展提供资金支持，对企业投放模式更新和投放规模的扩张等起到了重要作用。

3. 私募股权投资

私募股权投资一般投资于商业模式成熟，也具有一定的规模且能产生稳定现金流的项目，投资额往往比 VC 大，投资有一定保障，可以通过 IPO、售出（TRADE SALE）、兼并收购（M&A）、公司管理层收购等方式退出投资。某家优秀的私募股权投资者，是当下很多优秀的新创企业的早期投资者，这些公司在 IPO 上市后，该家私募股权投资公司逐渐退出。

4. 首次公开募股（IPO）

首次公开募股是指公司通过证券交易所首次公开向投资者发行股票，以期募集用于企业发展的资金。2020年，虽然新冠肺炎疫情使经济陷于困境，但我国资本市场表现良好，全年A股合计新上市企业396家，募集资金总额达4725.19亿元；新上市企业数量前三名的省份分别为浙江、江苏、广东；募资最多的省市为上海。

第四节　分析这些才能开启你的商机

请结合本单元前三节所学的内容，分别从考虑竞争对手、制定具有竞争力的产品价格、打造自身竞争优势三个角度展开分析，开启实现商机之旅。

1. 分析你的产品在市场中的竞争对手

• 竞争对手的产品具有哪些优势？

• 竞争对手产品的价格相对于你的产品是否更加吸引消费者？

• 竞争对手的产品与你的产品相比是否技术含量更高？

并阐述以上方面的具体表现。

2. 为你的产品制定具有竞争力的价格

• 通过哪些渠道降低产品成本？

• 采取哪些措施实施错位竞争？

• 如何针对不同类产品实施差别定价策略？

并具体阐述你的做法。

3. 打造你的竞争优势，吸引投资者

• 如何开拓更广阔的市场？例如线上线下相结合、与其他类产品的商家结盟等。

• 如何提高自身产品的技术含量？例如聘请专业技术人员、引进国外技术等。

• 怎样组建并提高自身团队的优势？如何发挥团队里每个成员的优势？

请具体阐释你的做法。

分析你的竞争对手	为你的项目产品制定具有竞争力的价格	打造你的竞争优势，吸引投资者
竞争对手的产品优势： （　　　　　　　）	降低成本： （　　　　　　　）	开拓潜力市场： （　　　　　　　）
竞争对手的价格优势： （　　　　　　　）	错位竞争： （　　　　　　　）	开发独特技术： （　　　　　　　）
竞争对手的技术优势： （　　　　　　　）	多层定价： （　　　　　　　）	组建优势团队： （　　　　　　　）
其他：	其他：	其他：

第 5 单元

边际决策
——让你的商机蓄势待发

本章知识要点

↓ 边际效用理论

↓ 利用边际分析帮助决策

↓ 企业最优决策临界点

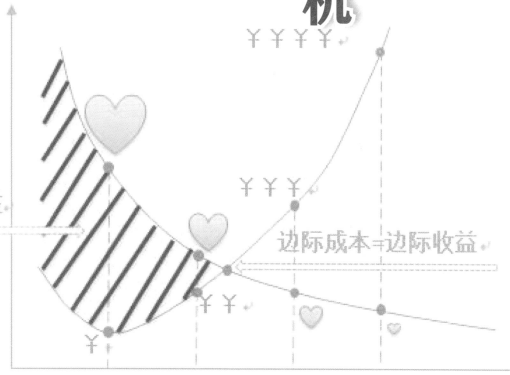

第一节　最后那一个就是边际

边际(Margin)在经济学中指的是每一单位新增商品带来的效用。边际效用与我们的生活息息相关，那么，什么是边际效用呢？

案例

一个饥肠辘辘的人来到快餐店，点了五个汉堡包。当他吃第一个汉堡包时，直接缓解了饥饿感，此时他感觉超级满足。当他吃第二个汉堡包时，他已经五分饱了，此时感觉比较满足，终于不饿了。但是吃第二个汉堡包给他带来的愉悦感不如吃第一个汉堡包时那么强烈。吃到第三、第四个汉堡包时他觉得基本饱了，可吃可不吃。等吃到第五个汉堡包时，他会感觉特别饱胀，此时汉堡包给他带来的满足感是负的。

在案例中，饥饿者每吃下一个汉堡包带来的满足感就是边际效用。表现出边际效用递减规律。随着吃掉汉堡包数量的增多，此人所获得的满足感越来越低，这主要是有两方面的原因。一是人在心理上对外部刺激的兴奋程度和满足感随着外部刺激的增多而降低；二是物品的重要性随着物品数量的增多而降低，即物品不再稀缺时就不会首选应用于最重要的用途上。

通常而言，边际效用是递减的，如上述案例中，饥饿者吃到第一个汉堡包时给他带来的满足感是最大的，之后每多吃一个汉堡包带来的满足感递减。但是也有特殊情况，例如，集邮爱好者收藏某套邮票时，每集到一张邮票就越快乐；直至集到这套邮票中的最后一张时给他带来的快乐是最大的，此时的边际效用就是最大的。

第二节　最后的收益：边际收益

"边际"是经济学的基础概念。如何利用边际收益进行决策？

案 例

立威正处于大三上学期时就规划报考某双一流高校的金融学专业。在他准备考研的漫长的 10 个月里，对他付出的学习时长和学习效果进行统计，如下表所示。

学习月数	考试分数	边际收益
0	0	
1	40	40
2	60	20
3	76	16
4	88	12
5	96	8
6	100	4

根据上表中数据，复习一个月可以提高 40 分；复习两个月，可以得到 60 分，比上个月提高 20 分；后面四个月分别比上个月提高 16 分、12 分、8 分和 4 分。此时，会发现边际收益（分数提高）随着连续投入（备考月数）呈递减趋势。

"边际收益"是经济学的基础概念。在案例中，立威每多复习一个月所带来的分

数提高也是边际收益，很容易发现边际收益也是递减的。

市场中的经济实体为追求最大的利润，多次扩大生产，每次投资所产生的效益与上一次投资产生的效益之间的差额就是企业的边际效益。边际效益是企业决定生产经营需要考虑的重要因素之一。

探究与分享

请你发掘边际收益递减的事例，并分享你对边际收益递减如何影响决策的看法。

第三节　最后的成本：边际成本

什么是边际成本？边际成本如何影响企业决策？

案例

1. 谚语——一只羊也是放，两只羊也是放。

2. 立威在咖啡馆里约见多年未见的好友，点了中杯的"焦糖玛奇朵"。服务员反复强调可以选择中杯升级为大杯，仅需加3元；若加5元，则可以升级为超大杯。在服务员的强烈建议下立威选择了超大杯，此时服务员又推荐买蛋糕，并表示可以一起

享受折扣优惠，小蛋糕原本售价5元，但如果合并购买可以整单减免6元。

3. 新能源汽车超级工厂在上海临港产业区开业，生产新能源汽车。开业之前，需要在临港产业区置办固定成本如厂房、机床、流水线等，以及生产汽车的固定成本，如车外壳、座椅、轮胎等等。另外，还需要雇佣工人。该超级工厂生产第一辆汽车时的成本极高，但是生产第100辆汽车的成本就低很多，而生产第10 000辆汽车的成本就更低了。

4. 上海开往南京的长途汽车即将发车。汽车站有普通大巴和豪华大巴两种可供乘客选择的车型，票价均为60元。乘客匆匆赶到普通大巴，商量30元坐车，被售票员拒绝。抱着试试的心态，他换了豪华大巴，售票员非常果断地同意他以30元的价格坐车。

5. 假设某航空公司的航班从上海至成都的飞行成本为8万元，100名额定乘客，每个座位售价1 000元。飞机起飞前仍有10个座位未被售出。此时航空公司会愿意以两折甚至一折的折扣力度促销，票价低至100元。

6. 外卖平台APP的开发成本非常高昂，涉及人力成本、房租水电、员工用餐等。为何还要开发这个软件呢？

边际成本就是增加一个单位（数量）的产品而导致总成本的增加量。

咖啡馆的顾客被 "诱导"升级杯量并"捆绑"购买小蛋糕，对于这家经营者来说，人力成本、店铺成本、运营成本基本固定不变，但是中杯变大杯、多做一个小蛋糕所需要的成本（边际成本）是非常低的，低至几毛钱；而顾客多支付的2元远远覆盖掉其边际成本。

新能源汽车超级工厂在生产第一辆车时，边际成本包含固定成本（厂房、生产线等）和可变成本（原材料、人工等），非常高昂；当生产到第10 000辆车时的边际成本仅仅是比第9 999辆车多出来的成本，基本仅含生产该车的原材料等花费。

上海开往南京的豪华大巴的情况也是如此。大巴车行驶时需要耗费折旧、油费、工作人员工资和过路费，这些都是固定成本，不会因为多载一名乘客而增加多少，而多付出的仅仅是该乘客在车上享用的饮料、食物、餐巾纸等的费用（增加一位乘客的边际成本），也远远低于30元的票价。

这家航空公司为何愿意低价卖出最后的10张票？其实，飞机总要起飞，而增加一位乘客的成本是微不足道的，甚至只是茶水和一份午餐的钱（增加一名乘客的边际成本），而最后的 10 位乘客所支付的钱远远超过边际成本，本质上航空公司依然赚钱。

外卖平台 APP 的开发成本的确非常高昂，但是一旦开发成功，服务用户呈几何级数增加，市场规模迅速扩大，使用 APP 带来的营业收入就会非常高，而增加用户的边际成本却非常小。

根据以上分析，边际成本是随着产量扩大而降低的；但是这仅仅存在于产量未超过一定限度的情况下。例如，假设新能源汽车超级工厂的年产量不能超过 10 000 台，但是工厂为了产量目标，在不扩大生产线和厂房的情况下（固定成本不变），加大生产压力，让工人倒班生产，此时由于固定成本的利用率有限，增加的人工成本并没能带来相应产量的增加，只能够通过增加人工成本来保证产量。最终的结果就是再生产下一台车的边际成本增加。

所以，在企业经营时可以充分利用边际成本递减的区间实现总营业收入增加。第一，在不超过固定成本利用率限制的范围内扩大生产规模，利用规模效应降低边际成本；第二，利用互联网优势，实现边际成本趋零；第三，利用零边际成本社会优势，发展协同共享经济（物联网时代的一种新的经济模式，能源、信息和实物等可以在互联网上共享，所有权被使用权代替）。

探究与分享

　　请你考察实体书店与网上书店等电商平台，思考现今的互联网平台如何实现卖书的边际成本为零？

第四节　边际收益 > 边际成本：干吧！

企业决策的目标是追求企业利润最大化。企业如何利用边际决策规则实现最优决策？

案例

在疫情期间，某服装生产企业打算投资生产一次性防护口罩，经相关审批流程符合要求后需要投入厂房、生产线、原材料和工人等。企业可以通过增加原材料、工人等投入来扩大生产规模，从而追求企业总收益的增加。经过建成后的效益估计，生产口罩的数量与获得的收益之间的关系如左图所示。随着企业扩大投入原材料和工人工时，生产口罩的数量单位由0增长至5，总产值也由0增长至75，同时边际产值由25降至5。

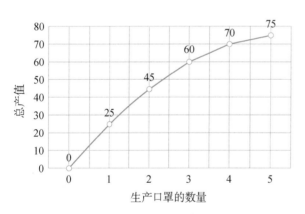

图 5-1　生产口罩数量与总产值的关系

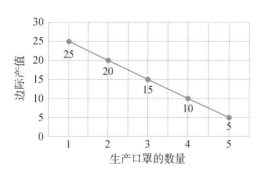

图 5-2　生产口罩数量与边际产值的关系

但是，作为企业的决策者，必然会思考一个问题：企业固定成本利用率是有限的，能为了追求更大的总产值而一直扩大生产规模吗？如果不能，那么如何控制生产规模来实现最大的利润呢？

在第三节中我们了解到，在产量并未超过一定限度的情况下，边际成本是随着产量扩大而降低的。一旦产量超过企业固定成本（厂房、生产线等）能够承受的程度，此时继续增加原材料的供应或者增加工人数量、工作时长，会导致生产的边际成本增加。如下图所示，随着生产口罩数量的增加，边际成本逐渐降低；当数量规模扩张至 3 时，生产口罩的边际成本达到最低；之后继续扩大生产规模只能使生产口罩的边际成本增加。

对比不同生产规模下增加生产 1 单位数量口罩的边际收益和边际成本之间的相对大小：

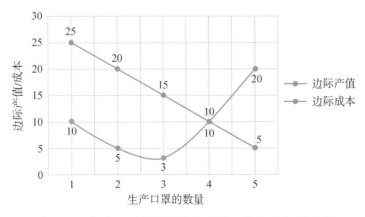

图 5-3　生产口罩数量与边际产值、边际成本的关系

•口罩的生产数量规模小于 4 时，每增加 1 单位成本投入所带来的净收益均为正，即边际收益大于边际成本；

•口罩的生产数量规模由 3 扩张至 4 时，增加 1 单位成本投入所带来的净收益为 0，即边际收益等于边际成本；

•口罩的生产数量规模由 4 扩张至 5 时，增加 1 单位成本投入所带来的净收益为负，即边际收益小于边际成本。

请思考，为了实现总净收益最大，企业应该将生产规模控制在多少以内？

知识总结

企业在判断某项投入是否可获利时，并非依据总产值最大化或者总成本最小化原则，而是依据边际收益和边际成本之间的比较：

若边际收益大于边际成本，则这项投资可获利；

若边际收益等于边际成本，则这项投资无利可图；

若边际收益小于边际成本，则这项投资是负盈利。

因此，企业最优决策的临界点是边际成本等于边际收益。

第五节　分析这些才能开启你的商机

我们创建新企业或者维持现有企业正常运转，研发新技术或者开发新产品等，均需要筹措资金。边际成本和边际效应的理念可以用于衡量企业产品／服务的创利能力，不仅能够为企业决策提供重要依据，也能够为初创企业融得资金提供盈利方面的证据。

随着生产产品数量的增加，将生产划分为各个阶段，在每个阶段均生产一个单位的产品。为你的产品生产做出假设，包括以下几个方面：

1. 每多生产一个单位的产品导致总成本的增加量，即边际成本是多少，注意边际成本递增的情况。

2. 每多售出一个单位的产品导致总收益的增加量，即边际收益是多少，注意边际收益递减规律。

3. 对比边际成本与边际收益的相对大小，并观察变化趋势。

4. 请参考边际分析方法，根据边际成本与边际收益相对大小来分析判断盈利的可能性和是否继续生产。

阶段	累计产品数量	边际成本	边际收益	相对大小（边际成本与边际收益之差）	是否盈利	判断是否继续生产
阶段 1	1					
阶段 2	2					
阶段 3	3					
阶段 4	4					
阶段 5	5					
（你的分析）						

说明：

收付实现
——保卫你的
商业成果

本章知识要点

↓
什么导致了盈利还会破产

↓
利润和现金流的区别

↓
如何用收付实现制管理收入

第一节　利润真的属于你吗?

案　例

盈利也能破产吗? 能!

美国一家著名的铁路公司刚开始经营的时候, 客户都是货到就付款。慢慢地合作多了, 有些客户就开始要求延期支付运费。比如, 上月有客户运了一大批货, 运费是

2万元，运输已经完成了，但是运费还没给铁路公司。假设运输成本是5000元，那么这时铁路公司的账面利润会增加1.5万元，但是真正在现金方面，铁路公司还没收到一分钱，因此没有增加任何现金。假设这时铁路公司有1万元的银行贷款到期，那就要面临破产了。因为这笔运输收入目前只增加了利润，没带来现金。而铁路公司只能用现金来支付自己的贷款。一旦企业破产，利润就不再属于铁路公司。

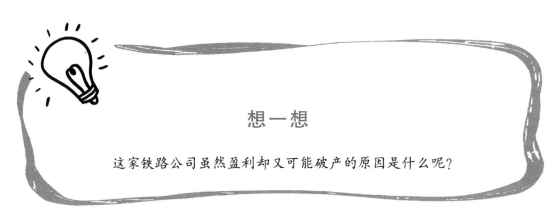

想一想

这家铁路公司虽然盈利却又可能破产的原因是什么呢？

简单地说，如果你的利润主要由应收的欠账构成，你将因为无力支付自己的到期债务而可能破产。所以，利润是以现金还是以应收账款的方式确认非常关键。会计准则中只关注利润确认的时间，并不关注确认的形式。而会计准则之所以这么规定，是为了满足收入和成本之间的配比原则，并由此记录收入和利润。

知识拓展

会计准则：会计的工作是将已经发生的经济行为记录清楚。这个记录就是账目。账目的记录方法有一整套规则，往往由各国的财政部规定，并主要由税务机关检查各个企事业单位的账目是否按照规则记录。简单地说，这套记账规则就是会计准则。

配比原则：在会计准则中规定，收入和成本要一一对应。比如，企业购买了50元原材料，生产A产品并将其出售得到

100 元收入；同时，购买了 80 元原材料，生产 B 产品并将其出售得到 200 元收入。那么，会计记账时，100 元收入与 50 元成本对应，而 200 元收入与 80 元成本对应。这样要求有利于企业管理，也有利于税务机关查对。

企业管理欠账的专门科目——应收账款

应收账款指企业在正常经营过程中因销售商品、产品、提供劳务等业务，应向购买单位收取的款项，包括应由购买单位或接受劳务单位负担的税金、代购买方垫付的包装费、各种运杂费等。简单地说，就是卖方卖出产品后应该收到的欠款。可以将应收账款理解为卖方暂时借给买方的钱款。企业应及时收回应收账款以支付企业在生产经营过程中的各种支出，保证企业持续经营；对于被拖欠的应收账款应采取措施，组织催收。①

---

① 企业会计准则编审委员会编. 会计基础工作规范与核算实务 [M]. 上海：立信会计出版社，2019.

第二节　关键是现金流

1975 年，美国一家最大的商业企业宣告破产，而在其破产前一年，其营业净利润近 1 000 万美元，经营活动提供营运资金 2 000 多万元，银行贷款达 6 亿美元。1973 年该公司股票价格仍按其收益 20 倍的价格出售。该企业破产的原因就在于，公司早在破产前五年的现金流量净额已经出现负数，虽然有高额利润，但公司的现金不能支付巨额的生产性支出与债务，那么成长性破产就在所难免。

所谓成长性破产，是指企业有利润却支付不了支出与债务而形成的破产结果。究其原因是，企业成长太快，业务拓展速度过高，大量收入是客户的欠款（应收账款）。但是，欠款是不能用来支付企业债务的，进而导致了企业破产。所以，我们称这种破

产为成长性破产。

想一想

上述这家美国商业企业的高额利润并不是现金，那会是什么呢？还记得上一节的"盈利也能破产吗？"

1. 现金流量

现金流量是现代理财学中的一个重要概念，指企业在一定会计期间（一般为一年）收到的现金减去支出的现金。例如：销售商品、出售房产设备、收回投资、借入资金等，形成企业的现金流入（收到的现金）；购买商品、购建房产设备、现金投资、偿还债务等，形成企业的现金流出（支出的现金）。衡量企业经营状况是否良好，是否有足够的现金偿还债务、资产的变现能力等，现金流量是非常重要的指标。

资产的变现能力是指资产变卖换取现金的便利程度。比如，中国黄金集团持有的黄金很容易卖掉换回现金，而房地产开发企业持有的房产就没有这么容易变卖了。

2. 现金流量比利润更能反映盈利质量

在现实生活中经常会遇到"有利润却无钱"的企业，不少企业甚至因此而出现"借钱缴纳所得税"的情况。利润指标在反映企业的收益方面确实容易导致一定的"水分"，而现金流指标，恰恰弥补了权责发生制在这方面的不足，关注现金流指标，有利于甩干利润指标的"水分"，剔除企业可能发生坏账的因素，使投资者、债权人等更能充分、全面地认识企业的财务状况。所以，考察企业经营活动现金流的情况可以较好地评判企业的盈利质量，确定企业真实的价值创造。

可见，现金流量指标可以弥补利润指标在反映企业真实盈利能力上的缺陷。现实中，只有那些能迅速转化为现金的收益才是货真价实的利润。高收益低现金流的公司未来很可能出现业绩急剧下滑。

想一想

分别找一家电商平台企业和化工企业，查找并记录它们的应收账款数据，再进行比较。运用本课程学习的知识，谈一谈一家的应收账款比另一家高的原因。

第三节　用收付实现制原则吧！

案例

第一题：11 月销售货物 100 元，但没有收到货款，记了应收账款。想一想：根据权责发生制和收付实现制，应该如何确认该笔收入。

第二题：预交了 3 个月房租，虽然实际支付了现金但是并没有入住。想一想：根据权责发生制和收付实现制，应该如何确认该笔费用。

第三题：你收到了别人预交来的货款，但尚未发货。想一想：根据权责发生制和收付实现制，应该如何确认该笔收入。

第四题：某企业销售一批产品，收到价款 20 000 元，产品交付。想一想：根据权责发生制和收付实现制，应该如何确认该笔收入。

｛第一题参考答案：按照权责发生制就确认为 11 月的收入。如按收付实现制就不能确认为 11 月的收入，什么时候收到货款什么时候确认收入。｝

｛第二题参考答案：根据权责发生制，尚未享受完权利，就不能在第一个月全部作为费用支出，而应该分别在 3 个月确认费用。根据收付实现制，第一个月确实有现金流出，应该就在该月确认。｝

｛第三题参考答案：根据权责发生制，由于你并未发货给别人，也就是没有履行完自己的义务，这就不能在收钱的时候确认收入，而要在发货之后你的义务履行完毕，才确认收入。根据收付实现制，将货款确认为本期现金流入。｝

｛第四题参考答案：根据两种制度，均应该确认为本月收入。｝

企业财务报表上的利润是以权责发生制为基础计算出来的，即收入与支出均要考虑其发生的时间。在其发生的会计期间确认并记录入账，进而得出该时期的利润。而现金流量却不同，它是以收付实现制为基础计算出来的，即不论该笔收入与支出属于哪个会计期间，只要在这个期间实际收到或支出的现金，就作为这个期间的现金流量。

1. 收付实现制

收付实现制是以款项的实际收付为标准来处理经济业务，确定本期收入和费用，计算本期盈亏的会计处理基础。[①] 简单地说，收到现金就记录入账，不管这笔业务是否在本期发生。比如，一月销售货物，但在三月才收到现金，那么根据收付实现制，应该计入三月的会计账目。

2. 收付实现制有权责发生制不可比拟的优越性

第一，收付实现制反映了企业实实在在拥有的现金，而企业能否按期偿还债务、支付利息、分派股利等，很大程度上取决于企业实际拥有的现金。

第二，以收付实现制为基础的现金流量是长期投资的决策目标。长期投资涉及时间长、风险高，投资者不仅要考虑投资的收益水平，更关心投资的回收问题。利润受权责发生制下应收、应付项目的影响，主观性太强，有可能被操纵。因此，投资者注重现金的实际流入或流出。只有投资期限内现金总流入量超过现金总流出量，投资方案才是能够被接受的。

---

① 王文元 . 新编会计大辞典 [M] . 沈阳：辽宁人民出版社，1991.

探究与分享

探究利润与现金流量的区别：

不同点	利润	现金流量
确认时点	权责发生	现金流动
应收账款	包含	不包含
支付债务	未必可以	可以
(你的分析)	(你的分析)	(你的分析)

其中，确认时点是指，在什么时点上认为是利润或者现金流。利润在交易完成时就会确认，即商品拥有权与支付责任互换时。比如，你与客户达成交易，把自己企业的产品交给客户时，无论对方以现金支付或是以一张欠条抵账。而现金流量只有在收到现金时，才被认为是一笔现金流入。

利润有可能包含应收账款，而现金流量绝不可能包含应收账款。考虑到接受应收账款，采取赊销是一种现代商贸中常用的促销手段，那么，利润常常是包含应收账款的。

现金流量就是现金，可以支付债务。

你还能进一步谈谈利润与现金流量的区别吗？用你的探究继续丰富以上表格吧！

回头看看你的研究报告，大吃一惊！

一、商机分析决策报告

请你留心观察并发现一个商机。然后，填写表1至表6，分析你的商机。最后做出决定，并注意管理你的收入。

1．确认商机

以下表格分析主要回答：你的选择是一个有潜力的商机吗？注意归纳法的正确运用，在元素和维度方面增加你的想法。对于你的要素和维度以及为什么"√选"该维度，做简要的说明。具体填表与分析细则，请参考第1单元第四节的"探究与分享"。

元素＼维度	维度1	维度2	维度3	维度4	维度5（你的维度）	维度6（你的维度）
需求	时间	地点	数量	意识观念		
（√选维度）						
技术	便利性	价值发现	新方法			
（√选维度）						
成本	流通环节	交易成本				
（√选维度）						
利润	未来利润					
（√选维度）						
（你的元素）						
（√选维度）						
（你的元素）						
（√选维度）						
说明：						

2. 需求分析

以下表格分析主要回答：你选择的商机有潜在可观的需求量吗？对于需求的来源或数量，请你给出 1 项自己的分析，对于已有的分析给出 1 个自己的角度，并且对你的"√选"做必要说明。具体填表与分析细则，请参考第 2 单元第四节的内容。

挖掘一种需要	如何转化为需求	你需要什么资源	（你的分析）
寻找"痛点"	对"需要"的部分或全部实现	技术、专利	
（√选）	（√选）	（√选）	（√选）
目标客户	技术创新	团队构成	
（√选）	（√选）	（√选）	（√选）
竞争对手	模式创新	资金、法律法规	
（√选）	（√选）	（√选）	（√选）
（√选）	（√选）	（√选）	（√选）

说明：

3. 供给可行性分析

以下表格分析主要回答：满足上述需求是否可行？请你在表中填写具体内容，并增加 1 项你的分析，然后对于填写内容做简要说明。具体填表与分析细则，请参考第 3 单元第五节。

一个商机： 产品是＿＿＿＿	需要资源 1 生产工具	需要资源 2 生产时间	需要资源 3 人力	需要资源 4 销售方式和场地
可得性				
资金成本				
时间				
机会成本				
改进方法				
（你的分析）				

说明：

4.竞争优势分析

以下表格分析主要回答：你具有哪些优势？请在每一项分析中增加 1 项你的分析，在空格内填写具体分析内容，并做简要说明。具体填表与分析细则，请参考第 4 单元第四节。

分析你的竞争对手	为你的项目产品制定具有竞争力的价格	打造你的竞争优势，吸引投资者
竞争对手的产品优势	降低成本	开拓潜力市场
竞争对手的价格优势	错位竞争	开发独特技术
竞争对手的技术优势	多层定价	组建优势团队
（你的分析）	（你的分析）	（你的分析）

说明：

5. 投资决策科学性分析

以下表格分析主要回答：投资你的商机是否可行？请你将自己的商机运行分成至少2个阶段，然后分析每一阶段的边际成本以及收益，将结果填入下表，并做简要说明。具体填表与分析细则，请参考第5单元第五节。

投资生产___	边际成本	边际收益	相对大小	盈利可能性
阶段 1				
阶段 2				
阶段 3				

说明：

6. 确定收入的时点

以下表格分析主要回答：你获得的收入是利润还是现金流？请同学帮忙设想你的至少 2 笔收入，通过"√选"表中相应栏目，分析它属于现金流还是利润。注意添加自己的分析，并且要求对于利润型收入提出管理措施，填入表格右侧。具体填表与分析细则，请参考第 6 单元第三节的"探究与分享"。

收入	利润	现金流量	管理措施:
第一笔	权责发生	现金流动	1.
（√选）			
	包含应收账款	不包含应收账款	
（√选）			
	不可支付债务	可以支付债务	2.
（√选）	（你的分析）	（你的分析）	
第二笔	权责发生	现金流动	
（√选）			3.
	包含应收账款	不包含应收账款	
（√选）			
	不可支付债务	可以支付债务	
（√选）	（你的分析）	（你的分析）	

二、证券投资分析报告

还记得在第2、第3单元的学习中你选择关注的证券吗？请根据你的选择，完成如下证券投资分析报告。

研修主题：×× （代码：××）债券（股票／期货合约／期权合约／外汇）投资分析	
姓　　名：	班　　级：
组别名称：	研修时间：
研修地点：	研修方式：
研修背景材料（在关注期内，所选证券的K线图）：	
研修目标及研修设计（阐述收益最大化目标，即资本利得最大化。根据背景材料中的K线图，对所选证券建议两个买入点和两个卖出点。注意要以资本利得收益最大化为目标，并给出你的分析）：	

（续表）

研修结论（总结选股与择时）：

1. 好行业：

2. 好企业：

3. 好时机：